U0256636

# 安徽省地质灾害防治随身手册

安徽省自然资源厅
安徽省地质环境监测总站 ◎编

中国科学技术大学出版社

## 内 容 简 介

安徽地质构造较复杂，地质灾害频发，危害区域内人民生命财产安全，频发的地质灾害给社会和经济建设造成了一定的损失，编制区域地质灾害防治手册是了解、掌握、防治、处置地质灾害的重要资料。本书介绍了地质灾害防治常识、安徽省地质灾害基本情况及其防治管理，聚焦"灾前怎么防""临灾怎么办""灾后怎么治"三大关键问题，旨在普及防灾减灾救灾知识，提高社会对地质灾害防治的意识，推动安徽省地质灾害防治工作再上新台阶。

本书可作为地质灾害防治技术工作者和管理工作者随身工具书，也可作为人民群众了解地质灾害防治要点的科普读物，还可作为政府部门的参考用书。

### 图书在版编目(CIP)数据

安徽省地质灾害防治随身手册/安徽省自然资源厅,安徽省地质环境监测总站编.—合肥:中国科学技术大学出版社,2023.6(2024.11重印)

ISBN 978-7-312-05712-0

Ⅰ.安… Ⅱ.①安… ②安… Ⅲ.地质灾害—灾害防治—安徽—手册 Ⅳ.P694-62

中国国家版本馆CIP数据核字(2023)第103148号

**安徽省地质灾害防治随身手册**
ANHUI SHENG DIZHI ZAIHAI FANGZHI SUISHEN SHOUCE

| | |
|---|---|
| **出版** | 中国科学技术大学出版社 |
| | 安徽省合肥市金寨路96号,230026 |
| | http://press.ustc.edu.cn |
| | https://zgkxjsdxcbs.tmall.com |
| **印刷** | 合肥华苑印刷包装有限公司 |
| **发行** | 中国科学技术大学出版社 |
| **开本** | 787 mm×1092 mm　1/24 |
| **印张** | 6.75 |
| **字数** | 119千 |
| **版次** | 2023年6月第1版 |
| **印次** | 2024年11月第2次印刷 |
| **定价** | 45.00元 |

# 组织委员会

主　　任　孙林华

副主任　王　飞　何　清

委　　员　王家武　孙　健　王龙平　吕维莉　黄　智

# 编　委　会

主　　编　孙　健

副主编　赵付明　陶建华　王　博　吴兴付　王守沛　朱玲玲

编写人员

第一部分：徐礼文　刘　莹　朱　俊　谢苗苗　郑　涛　厉达垚

第二部分：王文庆　朱　俊　刘　莹　程宏超　李牧欣　肖永红

第三部分：汪士凯　零　翔　李雪辰　张先敏　沃伟伦　黄振宇

# 目　　录

# 一、地质灾害防治常识

# （一）地质灾害基本概念

地质灾害是指由自然因素或人为活动引发的,危害人民生命和财产安全的崩塌、滑坡、泥石流、地面塌陷、地面沉降、地裂缝等与地质作用有关的灾害。

地震、火山虽然与地质作用有关,但不纳入地质灾害管理,而是由应急部门管理;矿山生产、工程建设引发的崩塌、滑坡、泥石流灾害视为安全事故管理;采空塌陷不纳入地质灾害管理,作为矿山地质环境问题管理;特殊岩土体、人工填土及不合理人工开挖、工程支护引发的灾害,轻者作为岩土体工程地质问题管理,若造成人员伤亡或财产损失应作为安全事故管理;当洪水容重超过1.3吨/立方米或砂石土体积比超过25％时,方可确定为泥石流灾害,否则视为山洪灾害。

## 1. 崩塌

崩塌又称崩落、垮塌或塌方,是指陡坡上的岩体或土体在重力作用下突然脱离母体发生以垂直运动为主的破坏,最终堆积在坡脚或沟谷的地质现象(图1-1-1)。

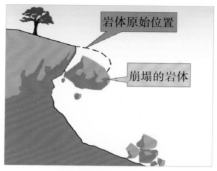

**图1-1-1 崩塌**

## 2. 滑坡

滑坡是指斜坡上的土体或岩体,受降雨、河流冲刷、地下水活动、

· 3 ·

地震及人工切坡等因素的影响,在重力的作用下,沿着一定的软弱面或软弱带,整体地或分散地顺坡向下滑动的地质现象(图1-1-2)。

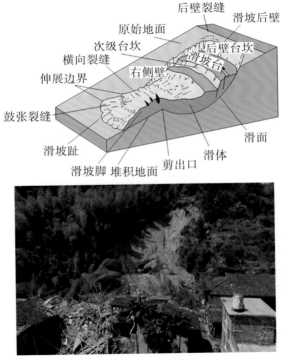

图1-1-2 滑坡

## 3. 泥石流

泥石流是指由于降水在沟谷或山坡上产生的一种挟带大量泥砂、石块和巨砾等固体物质的特殊洪流(图1-1-3)。泥石流具有突然性以及流速快、流量大、物质容量大和破坏力强等特点,常常会冲毁公路、铁路等交通设施甚至村镇等,造成巨大损失。

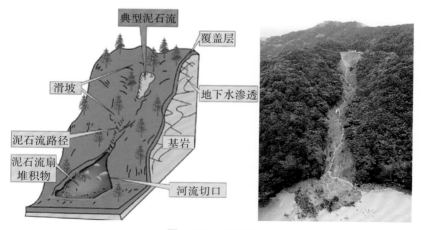

图1-1-3 泥石流

## 4. 地面塌陷

地面塌陷是指地下空洞上覆岩土体在自然或人为因素影响下发生失稳、塌落,在地面形成坑(洞)的现象(图 1-1-4)。主要为岩溶塌陷、采空塌陷。

**图 1-1-4 地面塌陷**

## 5. 地面沉降

地面沉降是因自然因素和人为活动引发松散地层压缩所导致的区域地面高程降低的地质现象(图1-1-5)。

**图1-1-5  地面沉降**

## 6. 地裂缝

地裂缝是一种在自然或人为因素（如抽取地下水）作用下,地表开裂、差异错动,在地表形成的具有一定长度、宽度和深度的裂缝（图1-1-6）。

**图1-1-6 地裂缝**

# （二）地质灾害分类分级

## 1. 地质灾害灾情等级

根据人员伤亡和经济损失的大小，地质灾害灾情分为特大型、大型、中型、小型四个等级（表1-2-1）。

表1-2-1　地质灾害灾情等级划分

| 灾情等级 | 特大型 | 大型 | 中型 | 小型 |
|---|---|---|---|---|
| 死亡人数$n$（人） | $n \geqslant 30$ | $10 \leqslant n < 30$ | $3 \leqslant n < 10$ | $n < 3$ |
| 直接经济损失$S$（万元） | $S \geqslant 1000$ | $500 \leqslant S < 1000$ | $100 \leqslant S < 500$ | $S < 100$ |

## 2. 地质灾害险情等级

根据直接威胁人数和潜在经济损失，地质灾害险情分为特大型、大型、中型、小型四个等级（表1-2-2）。

**表1-2-2　地质灾害险情等级划分**

| 险情等级 | 特大型 | 大型 | 中型 | 小型 |
|---|---|---|---|---|
| 直接威胁人数 $n$（人） | $n \geq 1000$ | $500 \leq n < 1000$ | $100 \leq n < 500$ | $n < 100$ |
| 潜在经济损失 $S$（万元） | $S \geq 10000$ | $5000 \leq S < 10000$ | $500 \leq S < 5000$ | $S < 500$ |

## 3. 地质灾害规模等级

根据灾害体体积，滑坡规模可分为巨型、特大型、大型、中型和小型五个等级（表1-2-3）。

**表1-2-3　滑坡规模等级划分**

| 规模等级 | 巨型 | 特大型 | 大型 | 中型 | 小型 |
|---|---|---|---|---|---|
| 滑坡体体积 $V$（万 m³） | $V \geq 10000$ | $1000 \leq V < 10000$ | $100 \leq V < 1000$ | $10 \leq V < 100$ | $V < 10$ |

崩塌、泥石流的规模可分为特大型、大型、中型和小型四个等级。其中，崩塌规模根据灾害体体积来划分；泥石流规模根据一次性堆积总方量和洪峰流量来划分（表1-2-4）。

地面塌陷、地面沉降和地裂缝规模可分为巨型、大型、中型和小型四个等级。其中，塌陷规模根据塌陷坑直径和影响范围来划分；地面沉降规模根据沉降面积和累计沉降量来划分；地裂缝规模按累计长度和影响范围来划分（表1-2-5）。

**表1-2-4　崩塌、泥石流规模等级划分**

| 地质灾害种类 | 规模等级 | 特大型 | 大型 | 中型 | 小型 |
|---|---|---|---|---|---|
| 崩塌 | 体积 $V$（万 $m^3$） | $V \geqslant 100$ | $10 \leqslant V < 100$ | $1 \leqslant V < 10$ | $V < 1$ |
| 泥石流 | 一次性堆积总方量 $V$（万 $m^3$） | $V \geqslant 50$ | $10 \leqslant V < 50$ | $1 \leqslant V < 10$ | $V < 1$ |
| | 洪峰流量 $Q$（$m^3/s$） | $Q \geqslant 200$ | $100 \leqslant Q < 200$ | $50 \leqslant Q < 100$ | $Q < 50$ |

注：泥石流一次堆积总方量或洪峰流量只要达到上一等级的下限即定为上一等级。

**表1-2-5　地面塌陷、地面沉降和地裂缝规模等级划分**

| 地质灾害种类 | 规模等级 | 巨型 | 大型 | 中型 | 小型 |
|---|---|---|---|---|---|
| 地面塌陷 | 塌陷坑直径 $D$（m） | $D \geqslant 50$ | $30 \leqslant D < 50$ | $10 \leqslant D < 30$ | $D < 10$ |
| | 影响范围 $S$（$km^2$） | $S \geqslant 20$ | $10 \leqslant S < 20$ | $1 \leqslant S < 10$ | $S < 1$ |
| 地面沉降 | 沉降面积 $S$（$km^2$） | $S \geqslant 500$ | $100 \leqslant S < 500$ | $10 \leqslant S < 100$ | $S < 10$ |
| | 累计沉降量 $h$（m） | $h \geqslant 1.0$ | $0.5 \leqslant h < 1.0$ | $0.1 \leqslant h < 0.5$ | $h < 0.1$ |
| 地裂缝 | 累计长度 $L$（m） | $L \geqslant 10000$ | $1000 \leqslant L < 10000$ | $100 \leqslant L < 1000$ | $L < 100$ |
| | 影响范围 $S$（$km^2$） | $S \geqslant 10$ | $5 \leqslant S < 10$ | $1 \leqslant S < 5$ | $S < 1$ |

注：任一个界限值只要达到上一等级的下限即定为上一等级类型。

# （三）灾前怎么防

## 1. 早期识别

主要采用光学遥感技术、合成孔径雷达干涉（InSAR）技术、激光雷达（LiDAR）技术、无人机航空摄影测量技术等手段，结合"形态""形变""形势"，识别地质灾害隐患。

## 2. 现场辨识

### （1）崩塌

崩塌的野外识别可从裂、陡、空、落四个方面判断。

"裂"是指岩土体裂隙发育，存在多组结构面，如节理、片理、劈理、层面、破碎带、断层面等，尤其是发育外倾、顺层、顺向结构面；"陡"是指地形地貌为陡坡或凹形坡，坡度多在55°以上；"空"是指发育有临空面，高差多在数米、数十米以上；"落"是指危岩体崩落，堆于坡前或山脚呈"倒石堆"。

（2）滑坡

滑坡的野外识别可从：裂、蠕、滑、停四个方面判断。

第一阶段是"裂"，首先在山坡的上部出现弧形或密集的小裂缝，并沿一定的方向延展（俗称后缘裂缝）；然后是两侧裂缝逐渐贯通，前缘出现鼓胀开裂或喷水、冒砂等现象；第二阶段是"蠕"，即滑坡体渐渐向坡下蠕动，是岩土层被剪断的过程，这个过程有时很短，有时很长，可历时数年、数十年，甚至上百年；第三阶段是"滑"，指滑坡体沿滑床快速向下滑动，速度最快可达到每秒20～30米；第四阶段是"停"，滑坡体前缘一旦到达平地，坡度变缓，能量耗尽，滑动变慢，最终停止。

（3）泥石流

进入山区，应查看山沟，如果沟内泥砂石块较多，且杂乱无序堆积，含有杂草树木，可判断为泥石流沟；如果沟内干净，沟口泥砂石块近大远小堆积，说明没有发生过泥石流，只是山洪；坡面泥石流容易识别，凹坡汇水，有泥砂堆积，雨间雨后发生滑动，状似"猫抓脸"。

（4）岩溶塌陷

多发生在山前或平原，洞口多近圆形，坑壁多陡直，深度可达数米或数十米。下伏石灰岩溶洞发育，覆盖洞上的松散层厚度多小于30米，周边地下水开采强烈或矿山疏干排水强烈，形成一定范围的漏斗区。

（5）地面沉降

分布在平原区，主要由地下水超采引发。淮北平原多发生在地下水位降深超过20米的区域，地面变形迹象不明显，局部出现井管"抬升"假象（主要是井管底部地层相对较硬，压缩变形量小于浅部，地面下沉所致）。

## 3. 调查评价

### （1）区域地质灾害调查

以行政区为单元，开展不同精度的地质灾害与孕灾地质条件调查、承灾体调查，判识地质灾害隐患，总结地质灾害时空分布规律、发育特征，分析地质灾害成灾模式，开展地质灾害易发性评价、危险性评价、风险评价，提出地质灾害防治与管控对策建议，为防灾减灾管理、国土空间规划和用途管制等提供基础依据。

安徽省已开展1:50万全省地质灾害调查、1:10万县（市、区）地质灾害调查与区划、1:5万县（市、区）地质灾害详细调查、1:5万县（市、区）地质灾害风险调查。下一步将开展重点乡镇1:1万地质灾害风险调查、重点区块1:2000地质灾害风险调查。

（2）场地地质灾害调查

以工程建设场地为调查范围，主要开展地面调查（地质灾害及隐患调查），必要时采用遥感、物探、钻探、山地工程、实验试验等手段进行勘查，为建设工程避灾、防灾、减灾提供依据。

## 4. 群测群防

乡镇政府及村委会应组织群众对已知地质灾害隐患点开展简易监测，对切坡建房点开展不定期巡查，快速捕捉灾害体变形信息，及时捕捉地质灾害前兆信息，及时发出预警，并组织村民快速撤离。

"两卡一表"即防灾工作明白卡、避险明白卡以及地质灾害隐患点防灾预案表。防灾工作明白卡由乡镇人民政府发放；避险明白卡由隐患点所在村负责具体发放，并向所有持卡人说明其内容及使用方法；乡镇自然资源所负责地质灾害隐患点防灾预案表的编制，负责地质灾害隐患点警示标牌安装。通过以上措施，构筑群测群防地质灾害防治的"第一道防线"。

（1）群众监测（群测）

群众监测主要是对滑坡、崩塌、泥石流开展日常巡查和简易测量。简易监测方法主要有埋桩法、埋钉法、上漆法、贴片法和灾害前兆观察等,还可以借助简易、快捷、实用、易于掌握的位移、地声、雨量等群测群防预警装置和声、光、电警报信号发生装置,来提高预警的准确性和临灾的快速反应能力。

① 滑坡群测

滑坡群测主要包括日常巡查和简易测量。

日常巡查是滑坡群测的主要方法,应经常性地对滑坡体及其上建筑物的宏观变形迹象进行巡查,在汛期、台风、暴雨或连续降雨时,还应加密巡查,对滑坡前缘、中部、后缘进行全方位巡查。巡查内容主要包括:滑坡前缘是否有浑水流出,泥土是否出现鼓包;地面或其上墙体是否出现裂缝或变形;滑坡体上树木是否发生新的歪斜或倾倒,滑坡体上是否发生局部坍塌;滑坡后缘原有裂隙张口是否加大,是否出现新的裂缝;滑坡后缘是否形成陡坎;滑坡体上是否出现滑动台阶;池塘或水田的水是否突然干枯,井泉的水位水量是否有异常;已建挡墙是否出现鼓胀甚至发生坍塌;动物是否出现惊恐、逃窜等异常行为。

② 崩塌群测

崩塌群测主要包括日常巡查和简易测量。

日常巡查是崩塌群测的主要方法,应经常性地对危岩体及其周边建筑物的宏观变形迹象进行巡查,在汛期、台风、暴雨或连续降雨时,还应加密巡查。巡查主要包括以下几个方面:危岩体后缘裂隙开口是否加大或出现新的裂隙;危岩体下方裂隙是否遭受挤压出现岩石压裂、挤出或脱落;切割崩塌体的裂隙是否已整体贯通;雨期危岩体下方裂隙是否流出浑水;危岩体是否不断掉落土石块;动物是否出现惊恐、逃窜等异常行为。

③ 泥石流群测

泥石流群测主要包括日常巡查和简易测量。

日常巡视内容主要包括泥石流物源区是否产生崩塌与滑坡;沟谷内杂草与树木及砂石是否在不断增多;泥石流沟谷流通区是否出现积水;泥石流沟口水流是否浑浊,泥砂含量是否在不断增加;泥石流沟谷内是否传来类似火车的轰鸣或闷雷声;泥石流沟谷深处是否突然变得昏暗并伴有轻微震动;泥石流沟谷附近的动物是否出现惊恐、逃窜等异常行为。

简易监测主要包括沟口堆积扇监测、雨量监测、地声监测。

沟口堆积扇监测——降雨后,可用皮尺量出沟口堆积扇的半径。可从沟口至扇缘选择3～6个点,通过事先打入钢钎,测量一次性堆积厚度。

雨量监测——采用普通雨量计,布设在沟谷两侧或居民居住区内,并设置雨量预警值。当降雨量达到预警值时,警报器便发出警报报警。仪器由专业技术人员安装,交群测群防员使用。

地声监测——采用地声报警仪,将振动检波器沿泥石流沟岸向下游依次埋入地下,并设置振动预警振幅阈值。当发生泥石流时,便会发出声、光警报。仪器由专业技术人员安装,交群测群防员使用。

（2）群众防灾（群防）

宣传：县级以上人民政府每年组织有关部门积极利用"地球日""防灾减灾日""国际减灾日"等，广泛开展地质灾害防灾、识灾、监测、预警、巡查、避险、自救等基本知识的宣传，尤其注重对受地质灾害威胁区域的群众、中小学学生地质灾害防治知识的教育和避险技能的普及，增强全社会地质灾害防御的意识（图1-3-1）。

**图1-3-1　群众防灾宣传**

培训：县级以上人民政府每年组织有关部门采取集中授课与隐患点位实地讲解相结合的方式，定期开展地质灾害防治培训，普及地质灾害防治知识，不断提高全民识灾、防灾、减灾、避灾与自救、互救能力。

演练:各级自然资源部门对受地质灾害威胁的城镇、村庄、学校、医院、厂矿等人口聚居区,按照最大限度避免人员伤亡和财产损失的目标要求,组织日常避险演练(图1-3-2),检验安全避灾场所、预警信号、撤离路线是否明确、有效,确保出现险情时能及时转移并妥善安置受灾群众。

**图1-3-2 灾害应急演练**

## 5. 科学选址

丘陵山区村民建房选址、建设工程选址均应以人地关系和谐为目标,以确保安全为最大原则,以自然环境为约束条件,若无视地质环境条件和容量,迷信风水,随意切坡建房,不仅可能导致自然资源与环境的破坏,浪费建设资金,还可能遭受地质灾害危害。选址应考虑以下因素。

### (1) 气象水文因素

尽可能避开江、河、湖、水库、沟谷的坡岸,不得不临近沟谷时,应预留安全距离,绝不能在沟口建房,绝不能挤占行洪通道。

### (2) 地形地貌因素

应选择地形平缓、坡度适宜、无明显地质灾害风险的地段建房。若山坡陡峭,应留出3~5米的安全距离。不宜在圈椅状地形山坡处建房;已建成房屋后有圈椅状地形时,应注意察看是否有台坎、裂缝,排查其汇水量、土层的疏松程度,应邀请专业技术人员对是否有地质灾害隐患进行确认,尽早实施搬迁避让。

丘陵山区工程选址可保留一定的地形起伏,过度追求场地平整不仅会增加建设费用,挖填方形成的不稳定边坡还可能诱发地质灾害。

### (3) 地质构造因素

丘陵山区建房,如果是岩质边坡,首先要看岩石的破碎程度,岩质边坡经常呈现层面或裂隙面,当地群众多叫大面或小面,大面往往是断层面,小面多是结构面,破碎带往往就是断层带,这些地段都是地质灾害易发地段,建房选址应远离这些岩石破碎地段,宜选择岩石呈大块状、厚层状,岩石完整坚硬的地段。其次要看山坡的结构,如果岩层的倾向与坡向一致,而且岩层软硬相间,则坡下不可建房;如果岩层的倾向与坡向相反,裂隙也不发育,可在安全距离以外建房。

不宜紧挨陡崖建房;不宜在坡上有危岩体的坡脚建房;不宜在突出的山嘴、孤立的山包上建房;不宜在坡脚有较多土石堆积的场地建房。

### (4)植被因素

皖南山区广泛种植山核桃,两山地区茶园、竹林广布,因除草导致表土松动,雨水下渗加速加量,再加上林木遇风摆动,易形成滑坡地质灾害。

### (5)其他因素

已发生过崩塌、滑坡、泥石流的坡段不宜选址建房;地下有溶洞,上覆松散层薄,可能发生岩溶塌陷的坡段不可选址建房;地下开采矿山可能引发地面塌陷,或者已经发生采空塌陷,目前仍不稳定的地段不应选址建房;生态保护区、水源地保护区、基本农田区、公益林区、具有开采价值的矿区不得选址建房；现有铁路用地、机场用地、军事用地、高压输电线路穿越地段、地下管线穿越的地段不宜选址建房。

## 6. 建前评估

在地质灾害易发区建房，农村村民个人建房应执行《安徽省地质灾害易发区农村村民建房管理规定》（安徽省人民政府令第253号）：因选址困难确需切坡建房的，应当在乡镇自然资源、村镇建设管理人员和技术人员的监督与指导下，按照有关技术规范实施，并做好坡体的防护；集中建房选址的应开展地质灾害危险性评估。

## 7. 监测预警

### （1）简易监测

借助简单的测量工具、仪器设备，主要对灾害体、房屋或建筑物的裂缝、局部位移进行监测。方法主要有埋桩法、埋钉法、上漆法、贴片法。监测频次：非汛期15天监测一次，汛期5天监测一次，遇暴雨或连续降雨天气时，特别是12小时降雨量达50 mm以上时或发现监测有异常变化时，应加密监测，每天监测1次或数次，甚至可以昼夜安排专人监测，出现情况及时报警。

① 埋桩法

在裂缝两侧埋桩,用钢卷尺测量桩之间的距离,可以了解灾害体变形过程(图1-3-3)。

**图1-3-3 埋桩法**

② 上漆法

在建(构)筑物裂缝的两侧用油漆各画上一道标记,通过测量两侧标记之间的距离来判断裂缝的变化情况(图1-3-4)。

③ 埋钉法

在建(构)筑物裂缝两侧各钉一颗钉子,通过测量两颗钉子之间的距离变化来判断滑坡的变形滑动。这种方法对于临灾前兆的判断非常有效。

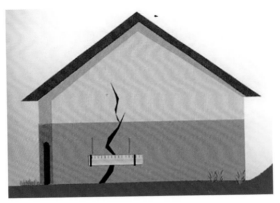

**图1-3-4　上漆法**

④ 贴片法

横跨房屋裂缝粘贴纸片,如果被拉断,说明滑坡发生了明显的变形。

⑤ 裂缝报警器

用于地面和墙体裂缝位移的自动监测预警,将其安装在裂缝两侧,当裂缝张开程度超过设定的报警阈值时,便会发出警报,报警声响达105分贝,群测群防员听到后须立即查看并通知人员避灾。仪器由专业人员安装并设定报警阈值(图1-3-5)。

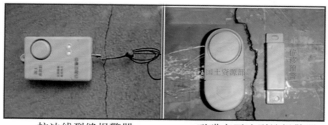

拉法线裂缝报警器　　　　磁磺离开法裂缝报警器

**图1-3-5　裂缝报警器**

## （2）普适型监测

选用集智能传感、物联网、大数据、云计算和人工智能等新技术于一身,且具有性价比高、功能针对性强、安装便捷等优点的普适型监测设备进行监测。普适型监测以地表变形和降雨为主要监测内容,以临灾预警为主要目标,能有效提升我省地质灾害"人防＋技防"的能力与水平。

① 监测内容

滑坡隐患监测:以监测变形和降雨为主,包括位移、裂缝、倾角、加速度、雨量和含水率等测项,按需布置声光报警器。岩质滑坡宜测项包括位移、裂缝和雨量等,选测项包括倾角、加速度;土质滑坡宜测项包括位移、裂缝和雨量等,选测项包括倾角、加速度和含水率。仪器类型、数量和布设位置根据滑坡规模、形态、变形特征及威胁对象等综合确定。根据实际监测需求,可补充开展物理场(如应力应变等)和视频监测。

崩塌隐患监测:以监测变形和降雨为主,包括裂缝、倾角、加速度、位移和雨量等测项,按需布置声光报警器。岩质崩塌宜测项包括裂缝、倾角、加速度和雨量,选测项为位移;土质崩塌宜测项包括裂缝和雨量,选测项包括位移、倾角和加速度。仪器类型、数量和布设位置根据危岩体的规模、形态及威胁对象等综合确定。根据实际监测需求,可补充开展物理场(如应力应变等)和视频监测。

泥石流隐患监测:以监测降雨、物源启动及补给过程、水动力参数为主,包括雨量、泥(水)位、含水率、倾角和加速度等测项,按需布置声光报警器。沟谷型泥石流宜测项包括雨量和泥(水)位,选测项为含水率;坡面型泥石流宜测项为雨量,选测项包括倾角、加速度、含水率和泥(水)位。仪器类型、数量和布设位置根据泥石流规模和流域特征等综合确定。根据实际监测需求,可补充开展物理场(如应力应变等)、次声、地声和视频监测。

② 监测仪器选择

应选择多参数普适型监测仪器及其组合,对灾害体孕育、发展过程涉及地表变形和降雨等关键性指标进行监测。在满足监测精度的前提下,针对不同灾害类型,优先选用表1-3-1中的测项。

**表 1-3-1 灾害类型与测项选择**

| 监测内容 | | | | | | | 声光报警 | 备注 |
|---|---|---|---|---|---|---|---|---|
| 位移(GNSS) | 裂缝 | 倾角 | 加速度 | 含水率 | 雨量 | 泥(水)位 | | |
| ● | ● | ⊙ | ⊙ | – | ● | – | 按需布置 | 视频、雷达、声发射、地声、次声等其他监测仪器依需选择 |
| ● | ● | ⊙ | ⊙ | ⊙ | ● | – | | |
| ⊙ | ● | ● | ● | – | ● | – | | |
| ⊙ | ● | ⊙ | ⊙ | – | ● | – | | |
| – | – | – | – | ⊙ | ● | ● | | |
| – | – | ⊙ | ⊙ | ⊙ | ● | ⊙ | | |

注1:●为宜测项,⊙为选测项;

注2:安装位置及数量根据灾害体规模及特征综合确定;

注3:视频作为可视化监测重要手段,具有快速获取现场状况、辅助监测设备运维等特点。

（3）专业监测

地质灾害专业监测是指专业技术人员在专业调查的基础上借助专业仪器设备和专业技术,对地质灾害变形动态进行监测、分析和预测预报等一系列专业技术的综合应用。

① 崩塌、滑坡监测技术方法

地表变形监测:包括地表相对位移监测和地表绝对位移监测。

地表相对位移监测主要方法有机械测缝法、伸缩计法、遥测式位移计监测法和地表倾斜监测法。地表绝对位移监测主要方法有大地形变测量法、近景摄影测量法、激光微小位移测量法、地表位移GPS测量法、激光扫描法、遥感(RS)测量法和合成孔径雷达干涉测量法。

深部位移监测:主要方法有测缝法、钻孔倾斜测量法和钻孔位移计监测法。

地下水动态监测:主要方法有地下水位监测法、孔隙水压力监测法和水质监测法。

相关因素监测:主要方法有地声监测法、应力监测法、应变监测法、放射性气体测量法和气象监测法(雨量计、融雪计、湿度计和气温计)。

② 泥石流监测:主要方法有地声监测法、龙头高度监测法、泥位监测法、倾斜仪棒监测法、流速监测法、孔隙水压力监测法和降雨量监测法等(图1-3-6)。

(4)预警预报

监测一旦发现异常,必须及时发出预警。简易监测属群测群防,一旦发现地质灾害前兆信息,群测群防员和防灾责任人应采用各类报警设备,及时向广大群众发出预警。

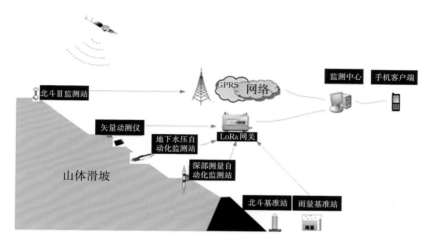

**图1-3-6 山体滑坡和泥石流智能监测与预警系统示意图**

　　普适型监测、专业监测均建有智能化监测预警信息平台,能够24小时采集监测数据、远程设置各类参数、实时查询绘制监测曲线、远程管理分析研判、及时发出预警预报。现阶段预警多采用"三阶段蠕变"模型(图1-3-7),一旦出现第三阶段加速变形,即刻发出预警预报。

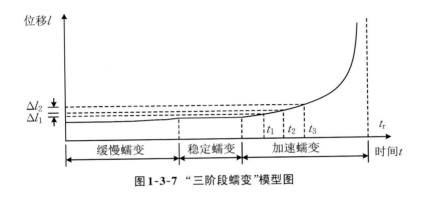

图 1-3-7 "三阶段蠕变"模型图

## （5）气象预警

自然资源和气象部门联合，将气象预警预报信息输入地质灾害气象风险预警预报模型，经人工智能运算、会商研判，做出地质灾害风险等级预测，向社会公众发布预警。地质灾害气象风险预警等级由弱到强依次为四级、三级、二级、一级。预警时段通常为 24 小时、3 小时、1 小时。

四级（蓝色），表示预警时段内地质灾害发生有一定风险。

三级（黄色），表示预警时段内地质灾害发生风险较高。发布黄色预警时，预警区域内的相关单位实行 24 小时值班值守，保持通信畅通，密切关注雨情、水情变化，对预警区域地质灾害隐患点开展巡查与监测。

二级（橙色），表示预警时段内地质灾害发生风险高。发布橙色预警时，在黄色预警措施的基础上，加密对预警区域地质灾害隐患点巡查与监测频次，必要时，组织受地质灾害威胁人员转移，各级自然资源、气象等部门应加密会商研判，应急专家队伍与应急抢险救援队伍做好待命准备。

一级（红色），表示预警时段内地质灾害发生风险很高。发布红色预警时，在橙色预警措施的基础上，及时组织受地质灾害威胁人员转移，预警区域各级自然资源主管部门实行地质灾害零报告制度，各级人民政府及相关部门对预警区域措施落实情况进行督促检查。

# （四）临灾怎么办

## 1. 前兆信息

临灾时一般都会出现前兆信息，对其进行及时捕捉能为防灾减灾避灾赢得宝贵时间。

（1）崩塌前兆

石块掉落频繁，危岩体后部裂缝加大；下部岩石有压裂、挤出、脱落等现象，伴有摩擦、撕裂、错断声音；出现热、氡气释放等异常现象；坡面常出现新的破裂变形或小面积岩土剥落；地下水位、水质、水量出现异常；动物惊恐不宁等。

（2）滑坡前兆

滑坡前缘、后缘、坡脚、地表出现异常。堵塞多年的泉水有复活现象，井、泉突然干枯，水位突然上涨、突然下降或浑浊异常；斜坡前缘或两侧出现局部坍塌，坡脚出现隆起或鼓胀；坡体中部、前部出现横向、纵向或放射状裂缝，岩石或有开裂、被剪切挤压现象；后缘裂缝急剧扩大，伴有热气或冷风冒出现象；坡上房屋倾斜、开裂；树木无序歪斜、倾倒呈醉汉林状；动物惊恐不宁；各类观测数据出现异常等。

（3）泥石流前兆

河水突然断流或洪水突然增大，并夹有较多的石块、泥砂、柴草、树木，支流已出现小型泥石流等异常现象；坡脚出现很多白色或浑浊水流；山坡有变形、鼓胀、开裂；树木有歪斜；建筑物出现倾斜等异常现象；山上可听到沙沙声，但却找不到声音来源；山沟、深谷发出轰鸣且有轻微震动等异常现象；出现鸡犬不宁、老鼠搬家等异常现象。

### （4）地面塌陷前兆

井、泉突然干枯或浑浊翻沙，水位骤然降落；地面出现环形裂缝、局部鼓胀、垮塌或沉降、积水、冒泡、出现旋流；建筑物开裂、倾斜、作响；植物歪斜、倾倒；动物惊恐不宁；地下岩土层出现轻微的垮落声等。

## 2. 灾情速报

单位或个人一旦发现或接报突发地质灾害信息时，应立即向灾害发生地乡镇政府报告，经复核后立即向县政府报告，再经快速复核后形成速报，及时向市人民政府报告；若有人员伤亡，灾害发生地县（市、区）自然资源部门、应急管理部门应及时向本级人民政府、上一级自然资源主管部门和应急管理部门、上级人民政府速报。

速报内容包括：地质灾害发生时间、地点、类型，灾害体的规模、等级、伤亡人数，直接经济损失、可能的引发因素、发展趋势以及先期处置情况等。

## 3. 临灾处置

### （1）立即疏散

预先选定疏散路线、规定预警信号、避难场所，临灾时按预定方案立即疏散，不可贪恋财物，及时划定危险区、设立警示标志、封锁进出道路。

疏散时应注意选择正确的躲避方向：滑坡发生时，应向滑坡方向两侧逃生避让；遇到崩塌时，要向石块滚落方向的两侧跑，若无时间跑，可临时躲避在障碍物下或在沟坎内蹲下，并保护好头部；泥石流发生时，应向两侧山坡上跑，逃离沟道、河谷地带，不要上树躲避，不要在沟道弯曲的凹岸或地方狭小不高的凸岸躲避（图1-4-1）。

### （2）应急处置

开挖截水沟将地表水阻止在灾害体之外，开挖排水沟将地表水引到危险区外；及时封堵裂缝隙或采用塑料薄膜覆盖坡体，防止雨水和地表水渗入坡体，加剧坡体变形破坏；利用重物反压坡脚，减缓或阻止前缘滑动；在后缘凸出地带实施削方减载工程。

**图1-4-1 临灾撤离示意图**

截排水

封堵裂缝

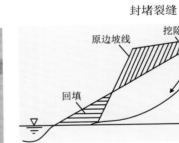
反压坡脚

削方减载

**图 1-4-2 应急处置示意图**

# （五）遇灾怎么救

## 1. 启动响应

突发地质灾害应急救援实行分级响应,分为四级、三级、二级和一级,一级为最高级别。省级突发地质灾害应急救援四级响应由省应急厅视情启动;三级响应由省应急厅启动;二级响应由省指挥部启动;一级响应由省指挥部启动。应急响应启动后,根据突发地质灾害分级条件、发展趋势和天气变化等因素,适时调整应急响应等级,避免响应不足或响应过度。

## 2. 抢险救援

灾害发生时,灾害发生地乡镇人民政府(街道办事处)和村委会(社区居委会)及有关责任单位应先期处置。立即派人赶赴现场开展调查,形成速报;立即转移疏散受威胁人员,划定危险区、设立警示标志、封锁道路;情况紧急时,在确保救援人员安全情况下可先行组织搜救被困人员。

突遇地质灾害但无人员伤亡时,市自然资源和规划局应派遣专业技术人员立即赶赴现场,开展地质灾害成因调查,研判发展趋势,给出稳定性评价,提出应急处置措施与建议。若有人员伤亡,市自然资源和规划局应请求省自然资源厅派遣专家组赴现场,必要时请求国家派遣专家进行指导。通过调查、监测,尽早拿出应急处置方案,评估次生地质灾害风险,特别要充分考虑连续强降雨导致次生灾害加剧或二次灾害发生,最大限度保护救灾人员安全,尽最大努力防范次生灾害造成新的人员伤亡和财产损失。

各级政府和应急管理部门应快速高效组织救援力量,把抢救生命作为首要任务,全力做好人员搜救、伤员救治、灾民安置工作,最大限度地减少人员伤亡。

# (六) 灾害怎么治

## 1. 搬迁避让

搬迁避让是地质灾害防御最有效、最彻底、最根本措施,防灾或治理首先要考虑搬迁避让(图1-6-1)。我省地质灾害搬迁避让多以项目方式实施,包括立项申请、实施监管、项目验收、资金拨付四个阶段。搬迁避让一定要做到"搬得出""稳得住""能致富"。

## 2. 工程治理

根据《安徽省地质灾害防治项目及专项资金管理办法》总则要求,对风险等级较高、威胁人数较多、难以搬迁避让的实施工程治理。

工程治理项目由县级自然资源主管部门会同同级财政部门向市级自然资源主管部门和财政部门申报,经市级自然资源主管部门会同同级财政部门审核同意后,报省自然资源厅和省财政厅申请立项,并附项目申报表和勘查、设计方案。省自然资源厅会同省财政厅组织专家现场踏勘核实项目是否符合工程治理条件;对符合条件的项目进行勘查、设计方案审查,审定施工技术方案、实物工作量和治理所需费用。

(1)勘查

按相关规范要求进行勘查。查明地质灾害类型、成因、威胁对象、威胁范围,提出治理工程措施。与一般的地质勘查不同,除查明地质灾害影响范围内的地质环境条件外,重点要围绕将要布设的治理工程进行勘查。如果布设抗滑桩,应针对桩的工程进行勘查;如果治理工程是挡墙,应围绕挡墙工程进行勘查。每一项治理工程应有勘查剖面图,治理工程结束后还须提供施工后的地质断面图。

## (2) 设计

地质灾害治理工程为一阶段设计,即直接进行施工图设计。大型地质灾害应开展两个阶段设计,即方案设计和施工图设计;特大型地质灾害应开展三个阶段设计,即方案设计、初步设计和施工图设计。

应充分收集相关的气象、水文、地形、地质等资料,作为工程设计的依据,在室内和野外试验的基础上,结合类似工程的经验参数,进行对比分析后,因地制宜选用技术指标。应当注意与当地社会、经济和环境发展相适应,与市政规划、生态环境保护相结合,并在安全、经济、适用的前提下尽量做到与当地环境协调一致。应进行动态设计,根据实际揭露地质结构,及时合理调整工程设计方案。设计方案中特别要求做好安全监测,包括施工期间安全监测和竣工后工程效果监测。

## (3) 治理措施

### ① 滑坡治理

治理滑坡的总体思路就是把水引出滑坡体外,对主滑地段和坡脚进行阻挡,对滑坡体凸出部分进行削方减载或分级放坡,对坡面进行保护或复绿。

如果滑坡是浅表层岩土体滑坡,应优先采用格构工程进行防护,格构梁的尺寸、结构、间距以及锚杆的材质、长度、直径均应视滑坡体的厚度按现行标准确定。若坡度较陡,下滑力大时,应采用钢筋混凝土格构加预应力锚索防护。坡面格构工程还应与坡脚段挡墙形成一体,滑坡体周边稳定地段构筑截水工程,坡脚布设排水工程。

如果滑动面埋深较浅,切坡面上能够清楚地观察到软弱夹层、易滑地层、顺层顺向结构面,剪出口位置清晰,可考虑在山坡上的主滑地段施工1至2排微型桩进行阻滑,坡脚采用挡墙进行支挡,滑坡体周边稳定地段布设截水工程,坡脚布设排水工程,挡墙上布设梅花状泄水孔。

如果滑动面埋藏相对较深,切坡面上能够清楚地观察到软弱夹层、易滑地层、顺层顺向结构面,剪出口位置清晰,可考虑在山坡的主滑地段分级施工抗滑桩,坡脚采用混凝土挡墙或锚拉式挡墙进行支挡,滑坡体周边稳定地段布设截水工程,坡脚布设排水工程,挡墙上布设梅花状泄水孔。

若滑动面位置较深,但剪出口位置清晰且位于斜坡段,且坡面临空,则斜坡的主滑地段应分级施工多排抗滑桩,切坡段应采用微型桩板墙或钻孔灌注桩构成的抗滑桩板墙进行支挡。滑坡体后缘、两侧的稳定斜坡上应布设截水工程,坡脚应布设排水工程。桩板墙体布设梅花状泄水孔。微型桩、抗滑桩的数量、桩长、桩径、结构、强度应满足现行勘查、设计、施工标准。滑坡体周边的截水沟应超出滑坡体范围,坡脚排水沟应超出房屋建设范围。挡墙上泄水孔应按梅花状布设,位置对应切坡记录的泉水点、渗水点、潮湿带、断层破碎带,应按相关规范要求设置反滤层。具体工程措施如下。

截排水措施:运用地表和地下排水方法减小地表水入渗,并排除滑坡体内的水体。可在滑坡边界外设置地表水截流沟,防止区外地表径流进入滑坡体内。滑坡面积较大或坡面地表径流排泄不畅可考虑在滑坡表面设置排水沟。若滑坡体内地下水较丰富,并可能对滑坡稳定性造成较大影响,可钻井或人工挖井抽取地下水,也可在地形转折部位挖坑排泄地下水。

阻挡工程:滑坡的坡脚多采用各类挡墙进行支挡,滑坡的主滑地段采用抗滑工程进行阻挡。支挡阻挡工程的布设应在勘查基础上确定,避免盲目性。

削方减载、反压坡脚:对滑坡体上部凸出地段,进行削方减载,减小下滑力;在滑坡前缘剪出口地段加载反压坡脚,增加抗滑阻力。

降坡:对于地形地貌相对孤立,且相对高差较大的滑坡地质灾害可进行分级放坡、降坡。

植被防护:利用种草、植树等生物工程措施防止坡体表层冲刷,可与格构、格栅等工程防治结合进行绿化。

② 崩塌治理

坡面上若有孤石、块状危岩体,应查明其分布、数量、规模及裂隙贯通情况,采取人工或静态爆破予以清除。危岩体若呈碎块状且数量多,应视植被发育情况布设主动防护网或被动防护网。植被发育的布设被动防护网,植被不发育的布设主动防护网。切坡段若发现有块状浮石、楔形体,具一定规模且数量有限,应采取人工或静态爆破清除。若坡体整体破碎不稳定或岩体风化成散体状,在清除不均匀风化遗留的块石后,应优先采用仰斜式挡墙进行支挡。若切坡段较陡,可采用直立式挡墙、扶壁式挡墙、锚拉式挡墙或微型桩板墙进行支挡。若坡面有凹腔,危岩体悬空,可考虑采用混凝土等材料充填封闭凹腔,或采用支撑结构将危岩体的重力传于稳定的地基之上。若承灾体与陡崖之间有宽缓的低平地,可优先布设落石槽和拦石墙。具体措施如下。

地表截流:地表水渗入危岩裂隙中,来不及排泄,水位急剧增高,会产生较大的静水压力,还会导致岩体间粘结力减弱,风化速度加快,危岩稳定性减弱。可在危岩体外挖一截流沟,防止大气降水的地表径流及危岩体后方的地表水汇入基岩裂缝中,尺寸及位置须因地制宜设计。

凹岩腔嵌补、危岩支撑:由于差异风化作用形成的凹岩腔,宜采用浆砌条石或片石进行嵌补,可防止软弱岩层进一步风化,也可对上部危岩体提供支撑,提高稳定性。

锚索加固:对于稳定性差不能清除也无法支撑的危岩块体可采用锚索加固方案,宜采用预应力锚索,锚固段须进入稳定岩体中风化长度不小于 5 米,锚固角度与危岩壁垂直或略向下倾。锚索钢绞线根数及直径须计算后确定。

危岩清除、挂网、锚喷:对规模小、稳定性差、搬迁困难的崩塌地质灾害,尤其是公路切坡形成的崩塌地质灾害,可采用清除(爆破或人工削除)危岩后挂网锚喷的方案。

支挡:在山体坡脚或半坡上,设置挡墙拦截落石至平台和沟槽,修筑拦坠石的挡墙等工程防止小型崩塌。

③ 泥石流治理

在不同的区域采取不同的工程措施。物源区主要开展水土保持,对崩塌、滑坡进行治理,流通区主要布设谷坊坝逐级拦挡,堆积区主要实施排导,修筑停淤场。具体包括以下五个方面。

护:封山育林、植树造林,防水土流失。

排:截排引导地表水形成水土分离,以达到降低泥石流暴发频率及规模的效果。

拦:修建拦砂坝和谷坊群起到拦挡泥石流松散物并稳定谷坡的作用,工程实施可改变沟床纵坡、降低可移动松散物质量、减小沟道水流的流量和流速,从而控制泥石流危害。

导:修建排导槽引导泥石流通过保护对象而不对保护对象造成危害。

停:在泥石流沟道出口有条件的地方采用停淤坝群构建停淤场,以减小泥石流规模,使其转为挟砂洪流,降低对下游的危害。

④ 地面塌陷治理

塌陷治理一般采用回填、强夯、跨越、灌注四种方法。

回填法：一般用于较浅塌陷坑处理。当塌陷坑内有基岩出露时，首先在坑内填入块石、碎石作为反滤层，或采取地下岩石爆破回填，然后上覆黏土夯实。塌陷坑内未出露基岩，且塌陷坑危害较小时，可用块石或黏土直接回填夯实。对于重要建筑物一般需要将坑底或洞底与基岩的通道堵塞，可开挖回填混凝土或灌浆处理。

强夯法：通常是把10～20吨的夯锤起吊到一定高度(1～40米)，然后让其自由落下，从而造成较大的冲击对土体进行强力夯实。

跨越法：用于塌陷坑或土洞较深大，开挖回填有困难的处理方法。一般以梁板跨越，两端支承在可靠的岩、土体上，每边支承长度不小于1.0～1.5米。

灌注法：把灌注材料通过钻孔或岩溶洞口进行注浆，其目的是强化土洞或洞穴充填物、填充岩溶洞隙、拦截地下水流、加固建筑物地基。如岩溶塌陷可在岩溶塌陷区地下水径流的上游进行帷幕注浆，以改变地下水的径流方向。

⑤ 地面沉降治理

压采措施：根据地下水开采井的分布、开采量、地下水位的下降情况准确划定超采区、禁采区、限采区，严格控制各分区地下水的开采量，明确各区地下水位的恢复目标，坚决做到计划到位、目标到位、措施到位、管理到位。

改水措施：目前安徽省已实施引江济淮远距离调水工程，还可考虑近距离调水工程：一是对采煤塌陷区地表水、地下水联合体进行综合利用，二是加快加大浅层地下水库的开发利用。

回灌措施：由于部分地段浅、深层地下水水位差较大，可考虑构建连通井，利用浅层地下水对深层含水层自动回灌。还可采用加压措施利用优质地表水对地面沉降严重区进行回灌。

## 3. 排危除险

根据《安徽省地质灾害防治项目及专项资金管理办法》总则要求，"对规模较小、治理措施简单的地质灾害隐患可实施排危除险"。

排危除险项目由县级自然资源主管部门会同财政部门立项申报，市自然资源主管部门会同同级财务部门组织专家对项目设计进行审查，审定施工技术方案、实物工作量和治理所需费用后，向省自然资源厅和省财政厅上报，随文附项目申报表、设计方案和专家审查意见。省自然资源厅会同省财政厅对项目申报材料的合规性、合理性进行审核。

排危除险应先进行调查，采用无人机或激光雷达（LiDAR）、合成孔径雷达干涉（InSAR）、边坡雷达等先进技术，会同地面测绘、物探、钻探、槽探、实验试验等传统方法，查明地质灾害的类型、成因、威胁对象、威胁范围，提出治理工程措施，再围绕将要采取的工程措施，按相

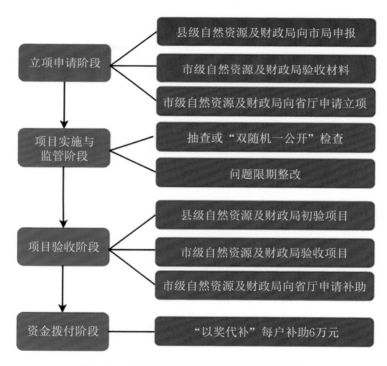

**图1-6-1 地质灾害搬迁避让项目实施流程图**

关规范要求快速精准地实施勘查。勘查工作结束后,应立即组织设计,情况紧急时可边勘查、边设计、边施工、边监测。排危除险是一阶段设计,可直接进行施工图设计,即动态设计,应根据现场地质条件实际完善设计。

地方政府应选择具有地质灾害工程施工资质,且有同类工程施工经验的施工单位负责施工。施工单位一定要按施工图设计、施工组织设计规范施工。

# (七) 灾后怎么处置

## 1. 有序撤离

救援队伍完成救援后,宜分步撤离,有序撤离,要让灾区群众有充分的心理准备。在灾民安置点,救援人员和志愿者承担了大量的日常事务,将灾民安置点建成了安全、卫生、和谐的临时家园,有些救援人员还与灾民安置点建立了一一对应关系,为灾区群众提供服务和支持,切实解决他们的困难与需求,疏导他们的心理困惑。救援人员应在政府的协助下,做好群众的安置、安抚工作,将灾区群众分步、有序撤离。

## 2. 险情评估

救援工作结束后,自然资源主管部门应视灾险情规模,选择具有相应资质的地勘单位对地质灾害稳定性做出评估。若不稳定,应纳入地质灾害隐患进行管理;若稳定,则由当地政府及时组织力量对灾害体进行清理,恢复生产,重建家园。

## 3. 群众安置

灾后群众安置是灾后最重要的一项工作,主要是解决灾后应急期间群众的吃、穿、住、医等临时生活问题,宜根据受灾人员的损失情况按相关政策要求给予最大限度的救助,禁止群众立即返乡搜寻财物。

对遇难人员家属应进行抚慰,向因灾死亡人员家属发放抚慰金;对因房屋倒塌或严重损坏、无房可住、无生活来源、无自救能力的受灾群众,应解决其灾后过渡期间的基本生活问题,并给予重建补助;对房屋损坏一般的受灾群众,应积极帮助其进行修缮住房。

安置点应坚持属地管理,由所在地政府负责管理,各级应急、公安、卫生、城管、消防等部门各司其职、协调配合,应急部门具体负责指导和信息汇总,安置点所在单位配合管理。安置点应成立由政府工作人员、群众性自治组织负责人、转移安置群众代表等共同组成的管理小组,积极支持引导志愿者参与管理,制定并组织实施具体管理办法。

## 4. 灾后重建

灾害发生地市、县(市、区)人民政府应制定救助、补偿、抚慰、抚恤、安置和恢复重建、地质灾害点工程治理等工作计划并负责组织实施,帮助灾区修缮、重建因灾损坏和倒塌的住房及校舍、医院等;修复因灾损毁的交通、水利、通信、供水、供电等基础设施和农田等;做好受灾人员的安置等工作,帮助恢复正常的生产生活秩序。省相关部门和单位按照各自职责给予指导与帮助。

# 二、安徽省地质灾害基本情况

# (一) 安徽省地质灾害类型

截至2022年底,安徽省地质灾害类型有崩塌、滑坡、泥石流、地面塌陷、地面沉降等。主要以崩塌和滑坡为主,分别占灾害总数的54.71%和39.68%(图2-1-1)。

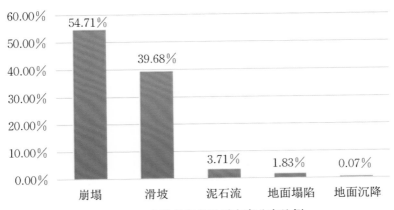

**图2-1-1 安徽省各类地质灾害分布比例**

# （二）安徽省地质灾害数量

截至 2022 年底，全省现有地质灾害隐患点 3067 处。其中，滑坡 1217 处、崩塌 1678 处、泥石流 114 处、地面塌陷 56 处、地面沉降 2 处；特大型 1 处、中型 2 处、小型 3064 处；不稳定 2395 处、基本稳定 672 处；共威胁 8518 户 29744 人，威胁财产 156165.5 万元。全省隐患点除淮北市，其余 15 个市及广德市、宿松县均有分布。如黄山市地质灾害隐患点 1118 处，占全省的 36.45%，威胁 3655 户 11611 人，威胁财产 47019 万元；宣城市地质灾害隐患点 572 处，占全省的 18.65%，威胁 1443 户 4432 人，威胁财产 24691.5 万元；安庆市地质灾害隐患点 550 处，占全省的 17.93%，威胁 1188 户 4682 人，威胁财产 18219 万元；六安市地质灾害隐患点 344 处，占全省的 11.22%，威胁 782 户 3029 人，威胁财产 16231.5 万元；池州市地质灾害隐患点 318 处，占全省的 10.37%，威胁 973 户 3603 人，威胁财产 13778.5 万元；其它市共有地质灾害隐患点 165 处，占全省的 5.38%，威胁 477 户 2387 人，威胁财产 36226 万元。

# （三）安徽省地质灾害等级

截至2022年底，安徽省共有特大型地质灾害隐患点1处（表2-3-1）、大型地质灾害隐患点0处、中型地质灾害隐患点2处（表2-3-2）、小型地质灾害隐患点3064处（表2-3-3）。

表2-3-1　2022年汛后安徽省大型以上地质灾害隐患点统计表

| 序号 | 市 | 灾害点名称 | 灾种 | 受威胁人数（人） | 受威胁财产（万元） |
|---|---|---|---|---|---|
| 1 | 阜阳市 | 阜阳市地面沉降 | 地面沉降 | 800 | 23000 |

表2-3-2　2022年汛后安徽省中型地质灾害隐患点统计表

| 序号 | 市 | 灾害点名称 | 灾种 | 受威胁户（户） | 受威胁人数（人） | 受威胁财产（万元） |
|---|---|---|---|---|---|---|
| 1 | 铜陵市 | 狮子山社区先锋西村71、91栋老粮站岩溶塌陷 | 地面塌陷 | 61 | 196 | 80 |
| 2 | 淮南市 | 土坝孜统建楼岩溶塌陷 | 地面塌陷 | 62 | 176 | 1220 |

**表 2-3-3 2022 年汛后安徽省小型地质灾害隐患点统计表**

| 市（县） | 现有 | 威胁对象 | | | 灾害类型（处） | | | | |
|---|---|---|---|---|---|---|---|---|---|
| | | 户 | 人 | 财产（万元） | 崩塌 | 滑坡 | 泥石流 | 地面塌陷 | 地面沉降 |
| 合肥市 | 47 | 112 | 358 | 2299 | 31 | 15 | 1 | 0 | 0 |
| 淮北市 | 0 | 0 | 0 | 0 | 0 | 0 | 0 | 0 | 0 |
| 亳州市 | 2 | 0 | 0 | 496 | 1 | 0 | 0 | 0 | 1 |
| 宿州市 | 3 | 0 | 24 | 1200 | 3 | 0 | 0 | 0 | 0 |
| 蚌埠市 | 6 | 8 | 32 | 662 | 6 | 0 | 0 | 0 | 0 |
| 阜阳市 | 0 | 0 | 0 | 0 | 0 | 0 | 0 | 0 | 0 |
| 淮南市 | 15 | 41 | 215 | 1655 | 9 | 3 | 0 | 3 | 0 |
| 滁州市 | 36 | 82 | 259 | 2259 | 20 | 13 | 0 | 3 | 0 |
| 六安市 | 344 | 782 | 3029 | 16231.5 | 117 | 219 | 8 | 0 | 0 |
| 马鞍山市 | 24 | 40 | 136 | 1285 | 16 | 5 | 0 | 3 | 0 |
| 芜湖市 | 8 | 10 | 32 | 175 | 3 | 2 | 1 | 2 | 0 |
| 宣城市 | 437 | 1280 | 3913 | 20514.5 | 197 | 196 | 26 | 18 | 0 |
| 铜陵市 | 21 | 61 | 159 | 1895 | 7 | 8 | 1 | 5 | 0 |
| 池州市 | 318 | 973 | 3603 | 13778.5 | 166 | 117 | 18 | 17 | 0 |

续表

| 市（县） | 现有 | 威胁对象 | | | 灾害类型（处） | | | | |
|---|---|---|---|---|---|---|---|---|---|
| | | 户 | 人 | 财产（万元） | 崩塌 | 滑坡 | 泥石流 | 地面塌陷 | 地面沉降 |
| 安庆市 | 506 | 1039 | 4059 | 15320 | 372 | 121 | 10 | 3 | 0 |
| 黄山市 | 1118 | 3655 | 11611 | 47019 | 590 | 481 | 47 | 0 | 0 |
| 广德市 | 135 | 170 | 545 | 4297 | 119 | 14 | 2 | 0 | 0 |
| 宿松县 | 44 | 142 | 597 | 2779 | 21 | 23 | 0 | 0 | 0 |
| 总计 | 3064 | 8395 | 28572 | 131865.5 | 1678 | 1217 | 114 | 54 | 1 |

# （四）安徽省地质灾害分布

　　截至 2022 年底，安徽省地质灾害发生情况，按地貌单元分为：皖南山区 2008 处、大别山区 894 处、沿江丘陵平原 54 处、江淮波状平原 83 处、淮北平原 28 处。

　　按行政区域分：黄山市 1118 处、安庆市 506 处、宣城市 437 处、六安市 344 处、池州市 318 处、合肥市 47 处、滁州市 36 处、铜陵市 22 处、马鞍山市 24 处、芜湖市 8 处、淮南市 16 处、蚌埠市 6 处、宿州市 3 处、亳州市2处、阜阳市1处、广德市135处、宿松县44处。

## （五）安徽省地质灾害发育特征

安徽省地质灾害发育特征：点多、面广、规模小、危害重、隐蔽性强、突发性强、早期识别难、预警预报难、切坡建房引发灾害最多。

## （六）安徽省地质灾害形成机理

脆弱的地质环境是基本因素，降雨和切坡是安徽省崩塌、滑坡、泥石流突发性地质灾害的主要诱发因素，这些突发性地质灾害80%以上均发生在切坡处、雨季和农村。

### 1. 地形地貌

地形地貌是突发性地质灾害形成的第一要素。地质灾害极高风险区多位于高山地区；地质灾害高、中风险区多位于中山地区；地质灾害低风险区多位于低山、丘陵区;平原区无崩塌、滑坡、泥石流灾害风险。

山高、坡陡最易引发崩塌、滑坡、泥石流灾害,房屋背后发育冲沟、房屋坐落坡脚与沟口最易遭受崩塌、滑坡、泥石流灾害危害。

## 2. 地质构造

一是区域构造带多是地质灾害分布密集地带,如晓天磨子潭断裂、汤口断裂、祁门断裂等,沿线地质灾害分布相对密集;二是新构造运动是地质灾害发育的主要条件,老构造多充填、胶结。燕山期深大断裂,喜山期北东向、北西向两组断层结构面,对地质灾害发育起控制作用。

## 3. 工程地质岩组

皖南山区千枚岩、古老的砂页岩易形成崩塌滑坡灾害;大别山花岗岩、花岗片麻岩风化强烈,易形成滑坡、泥石流灾害;大别山区广泛分布的石英片岩易形成崩塌灾害;沿江丘陵平原广泛分布的三叠系南陵湖组、皖北地区广泛分布的奥陶系萧县组、马家沟组和寒武系张夏组岩溶发育,在山丘坡脚浅覆盖区,尤其是区域断层破碎带易形成岩溶塌陷地质灾害。松散层发育的皖北平原,因其厚度大、砂粘结构多层、地下水超采,多地已引发地面沉降。

## 4. 降雨工况

安徽省地质灾害发生受降雨量影响显著,且降雨特点也非常显著,6至7月是梅雨,6至8月多暴雨,8至9月有台风侵扰。

"梅雨"多发生在6至7月,其特点是连续降雨。地质灾害多发生在连续3至7天的降雨时段。

"暴雨"多发于汛期,主要发生在6至8月,因冷暖气流受两山地形影响,小气候特征非常明显,预警预报非常困难,地质灾害发生与强降雨呈高度正相关,往往是暴雨当天发生或暴雨后一天发生。

"台风"多发生在8至9月,据多年统计,安徽省每年遭台风约1.7次,受太平洋和印度洋环流影响,进入安徽省的台风多由南北上、少数东进转而北上,宣城、宁国等风道、风口地区受害严重,受黄山、天柱山、九华山、大别山的层层阻挡,山后区域受台风暴雨影响较小。据统计,2008年至今,安徽省台风诱发地质灾害共计602起,威胁人数6101人,造成直接经济损失约1.65亿元。

## 5. 切坡建房

因山多地少,安徽省两山地区建设用地资源紧缺,切坡建房多达数十万处。若排除道路沿线地质灾害,安徽省约90%以上地质灾害隐患都在切坡建房点上,存量难减、新增不断。做好切坡建房引发的小微地质灾害防治是安徽省的重点、难点(图 2-6-1,图 2-6-2)。

切坡建房小微灾害特点:

——发育类型:滑坡、崩塌、滚石、坡面泥石流类。

——分布位置:屋后(开口线上中下)、房前(基础上下)。

——敏感时段:建设、降雨、大风、冻胀、融缩和震动。

——致灾规律:堆覆、冲淤、击穿、拖曳。

——风险特征:工程、技术与管理风险并存。

**图 2-6-1 切坡建房地质灾害特征**

安徽省两山地区多地乡镇政府对切坡建房危险点已建立了包保责任,乡镇政府可安排切坡建房户开展定期和不定期巡查。由于户主对房前屋后情况最熟悉,只要房前、屋后、地面、树木、房屋有变形,动物有异常,住户会很快知晓、最先知晓,只要及时上报、及时认定、及时撤离,可最大限度减免地质灾害危害。自然资源所同志可与切坡建房户主建立电话联系,随时查询、收集切坡建房变形信息和地质灾害前兆信息,指导防灾减灾。

加强指导、群测群防：

——选址环节，乡镇组织开展地质灾害危险性评估，地勘单位提
供技术与指导。

——建设环节，因地适宜参照防灾减灾指导手册、指南或图册。

——使用维护环节，规划雨污水排放，加强群测群防。

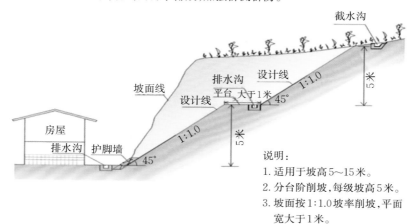

**图2-6-2 切坡建房坡体防护示意图**

# 三、安徽省地质灾害防治管理

# （一）地质灾害防治指导思想

高举中国特色社会主义伟大旗帜，坚持以习近平新时代中国特色社会主义思想为指导，深入贯彻党的十九大和十九届二中、三中、四中、五中全会精神和习近平总书记考察安徽重要讲话指示精神，立足新发展阶段，贯彻新发展理念，构建新发展格局，以"两个坚持、三个转变"为根本遵循，以提升地质灾害防治能力、减轻地质灾害风险为主线，以保障人民生命财产安全为目的，聚焦"隐患在哪里""结构是什么""什么时候发生"等关键问题，依靠科技进步、管理创新和信息技术，持续推进地质灾害隐患识别、风险调查、监测预警、综合治理、基层防灾能力和信息化建设，加快融入长三角一体化地质灾害防治体系，实现地质灾害防治工作更大作为，为新阶段现代化美好安徽建设提供地质安全保障。

# （二）地质灾害防治基本原则

## 1. 人民至上，生命至上

牢固树立以人民为中心的发展理念，坚持人民至上、生命至上。凡受地质灾害隐患威胁的群众应逐户建档立卡，排查巡查不漏一户，不落一人，主动防范，最大限度地减少因地质灾害造成的人员伤亡和财产损失。

## 2. 分级负责，属地管理

建立健全"党委领导、政府主导、部门协同、社会参与、法制保障"的社会化、扁平化防治工作新格局。人为活动引发的地质灾害，按照"谁建设、谁负责，谁引发、谁治理"，严格落实企业和施工单位的防治责任。

## 3.科学防灾,智能预警

强化地质灾害分布发育规律研究,加强新技术推广应用,切实提升地质灾害防治科技水平,及时捕捉灾害前兆信息,实时监测灾变过程,力争做到早发现、早报告、早预警、早处置,实现科学防灾、智能预警。

## 4.搬迁优先,综合治理

按照"轻重缓急",分重点、分层级科学制定地质灾害搬迁避让、工程治理、排危除险等综合治理措施。坚持以搬迁避让为主、工程治理为辅,对风险等级高的地质灾害隐患点实施搬迁避让;对风险等级高、不宜搬迁避让的实施工程治理;对险情紧迫、治理措施相对简单的通过排危除险消除隐患威胁。

# (三)地质灾害防治目标

逐步提高地质灾害隐患调查水平和早期识别能力,全面掌握安徽省地质灾害隐患风险底数;建成新型高效群专结合智能化监测预警体系,显著提升地质灾害监测预警能力;实施地质灾害综合治理工程,逐步消除威胁30人以上的地质灾害隐患点;构建更加完善的技术支撑体系和装备保障体系,显著提升基层防灾能力;构建地质灾害防治科普体系,切实提升群众防灾识灾和自救互救能力;构建功能全面、互联互通的省、市、县一体化地质灾害信息化管理平台,实现调查评价、监测预警、指挥调度的智能化,实时更新数据库,实现地质灾害防治管理信息化、标准化、精准化和便捷化,为地质灾害防治工作提供有力数据支撑。

# (四) 地质灾害防治重点任务

市、县地质灾害防治六大重点任务:调查评价、监测预警、搬迁避让、工程治理、基层防灾能力建设(宣传、培训、演练)、信息化建设。

国家、省级地质灾害防治八大重点任务:调查评价、监测预警、搬迁避让、工程治理、基层防灾能力建设(宣传、培训、演练)、信息化建设、标准规范编制、防治科学研究。

# （五）地质灾害防治三大关键问题

隐患在哪里？

结构（地层结构、斜坡结构、岩体结构）是什么？

什么时候发生？

# （六）地质灾害防治行政管理

## 1. 组织架构

为进一步加强组织领导，强化部门联动、密切配合，形成工作合力，有效提升我省地质灾害防治能力，成立了安徽省地质灾害防治指挥部，指挥部办公室设在省自然资源厅。

指挥部成员由省自然资源厅、省应急管理厅、省委宣传部（省政府新闻办公室）、省发展和改革委员会、省教育厅、省经济和信息化厅、省公安厅、省民政厅、省财政厅、省生态环境厅、省住房和城乡建设厅、省交通运输厅、省水利厅、省商务厅、省文化和旅游厅、省卫生健康委员会、省广播电视局、省林业局、省能源局、省粮食和物资储备局、省药品监督管理局、省地质矿产勘查局、华东冶金地质勘查局、省煤田地质局、省气象局、省地震局、省通信管理局、省军区战备建设局、武警安徽省总队、省消防救援总队、安徽银保监局、省电力公司等单位和部门组成。

## 2. 指挥部成员单位职责

（1）省自然资源厅:组织指导协调和监督地质灾害调查评价及隐患普查、详查、排查,指导开展群测群防、专业监测和预警预报等工作,指导开展地质灾害工程治理工作,承担地质灾害应急救援的技术支撑工作。

（2）省应急管理厅:组织编制省突发性地质灾害专项应急预案并指导开展应急预案演练;组织重大地质灾害应急救援;组织指导全省地质灾害灾情核查、损失评估、救灾捐赠等灾害救助工作,计划调拨救灾物资,会同有关方面组织协调紧急转移安置受灾群众、因灾毁损房屋恢复重建补助和受灾群众生活救助;组织开展地质灾害综合风险与减灾能力、地质灾害突发事件的调查评估工作。

（3）省委宣传部(省政府新闻办公室):负责新闻报道和舆情监控工作,正面引导社会舆论;会同省应急管理厅、省自然资源厅组织召开新闻发布会,及时做好地质灾害防治信息发布工作。

(4)省发展和改革委员会:组织编制国民经济和社会发展中长期规划和全省铁路、能源等重大建设工程项目规划及拟订区域发展战略、规划和政策措施时,充分考虑地质灾害防治要求,避免和减轻地质灾害造成的损失。

(5)省教育厅:负责指导灾区教育部门和学校组织受灾害威胁师生紧急疏散转移,修复受损毁校舍或应急调配教学资源,妥善解决灾区学生就学问题。

(6)省经济和信息化厅:负责省级药品应急储备。

(7)省公安厅:负责组织警力开展抢险救灾和现场救援,协助相关部门对受灾害威胁人员进行疏散转移;负责现场社会秩序维护、交通疏导和管控。

(8)省民政厅:督促指导各地及时将符合临时救助或最低生活保障条件的受灾群众,按规定程序纳入保障范围。

(9)省财政厅:负责统筹资金做好地质灾害防治省级相关经费保障工作,配合做好地质灾害防治资金管理和监督工作。

(10)省生态环境厅:负责组织指导因地质灾害引发的突发环境事件的应急监测,分析研判事故现场污染状况及趋势变化;参与处置因地质灾害引发的重特大突发环境事件。

(11)省住房和城乡建设厅:负责督促指导开展灾区危房调查,提出消除灾害隐患的有效措施;协助有关部门开展灾后房屋重建,做好技术指导。

（12）省交通运输厅：负责保障救灾车辆运输的安全、畅通；及时组织抢修损毁的交通设施。

（13）省水利厅：做好水情监测预警工作，配合省防汛抗旱指挥部办公室做好因突发地质灾害引发的次生洪涝灾害的处置，组织指导修复因突发地质灾害受损水利工程。

（14）省商务厅：负责指导灾区生活必需品的应急供应。

（15）省文化和旅游厅：负责指导督促旅行社、旅游景区、山区农家乐等加强对游客进行必要的地质灾害知识普及、自救互救技能培训。

（16）省卫生健康委员会：负责组织、指导灾区医疗救治工作，做好疾病预防控制和卫生监督；根据需要，向受灾地区派出医疗专家和心理治疗专家，并协助做好药品和医疗设备调配。

（17）省广播电视局：配合省委宣传部开展地质灾害减灾救灾宣传和新闻报道；负责指导、协调灾区广电部门恢复广播电视系统设施。

（18）省林业局：负责组织做好特别重大和重大突发地质灾害造成的有关林业资源损害的调查、评估和恢复，指导办理使用林地审核审批和林木采伐手续。

（19）省能源局：负责油气管道的隐患排险和应急处置工作，强化管道沿线地质灾害监测和防范，切实维护管道设施安全。

（20）省粮食和物资储备局：负责生活类应急救灾物资采购、调运。

（21）省药品监督管理局：负责救灾药品的质量监督。

（22）省地质矿产勘查局：负责地质灾害防治的技术支撑工作。

（23）华东冶金地质勘查局：负责地质灾害防治的技术支撑工作。

（24）省煤田地质局：负责地质灾害防治的技术支撑工作。

（25）省气象局：负责提供地质灾害预警预报所需气象资料信息，对灾区的气象条件进行监测预报。

（26）省地震局：负责提供地质灾害预警预报所需的地震资料信息，对与突发地质灾害有关的地震趋势进行监测预测。

（27）省通信管理局：负责组织、协调通信运营企业抢修和维护因灾损毁的通信设施；保障应急抢险救援指挥和现场通信畅通；协调各通信运营企业，及时发布突发地质灾害预警信息。

（28）省军区战备建设局：组织协调所属部队和民兵力量参加抢险救灾，支援地方开展灾后恢复重建。

（29）武警安徽省总队：根据县级以上地方政府兵力需求，组织指挥武警部队担负抢险救灾任务，协同公安机关维护救灾秩序和灾区社会稳定，支援地方开展灾后恢复重建。

（30）省消防救援总队：组织综合性消防救援队伍参与地质灾害应急救援工作，最大限度保障人民群众生命和财产安全。

（31）安徽银保监局：负责督促有关保险机构按照法律法规及保

险合同约定做好理赔工作,及时赔偿保险金。

(32)省电力公司:负责组织、协调各级供电企业抢修和维护因灾损坏的电网设施,尽快恢复灾区生产和生活用电;为应急抢险救援所需电力提供保障。

## 3. 县级以上人民政府职责

县级以上人民政府应当加强对地质灾害防治工作的领导,组织有关部门采取措施,做好地质灾害防治工作。应当组织有关部门开展地质灾害防治知识的宣传教育,增强公众的地质灾害防治意识和自救、互救能力。

## 4. 县级以上地方人民政府自然资源主管部门职责

县级以上地方人民政府自然资源主管部门负责本行政区域内地质灾害防治的组织、协调、指导和监督工作。

# （七）重点事项管理

## 1. 汛期值班值守

### （1）值班时间

汛期地质灾害值班时间一般为每年的5月1日至9月30日。特殊情况下机动执行。

### （2）值班安排

每年4月底前，市自然资源和规划局将市本级及所辖县（市、区）汛期地质灾害值班安排情况（含带班领导和值班人员名单、值班地点、值班电话），书面报自然资源厅。

### （3）汛期值班人员的主要工作职责

及时、准确接收并认真记录上级机关、相关部门有关地质灾害防治工作的指示、命令、通知、电话、传真等，及时向带班领导和厅分管领导汇报。

接到地质灾害灾情或险情报告时,立即向带班领导和厅分管领导报告,按照领导指示立即办理,及时跟踪事态变化,并做好记录,指导相关单位做好灾险情处置工作;密切关注天气变化,实时了解市、县地质灾害防治工作情况并做好记录。

值班人员要熟悉掌握自然资源部、省有关部门和各市、县自然资源主管部门分管地质灾害防治工作的负责人和具体工作人员的联系方式,保持通讯通畅。

坚持领导带班制度,值班人员按时到岗到位,并认真做好值班交接工作,不得缺岗、脱岗;确因事、生病或出差等特殊情况不能值班的,应提前报告并落实好人员代班。

夜间值班和节假日值班时,必须确保在岗、在位、在状态;交接班时,在未办理好交接手续前,上一班值班人员不得离岗。

接到地质灾害灾险情报告时,第一时间按程序通过地质灾害监测预警系统报告省厅,对迟报、漏报、误报的,省自然资源厅将予以通报批评。各地地质灾害值班值守和信息报送情况纳入年度省政府对各市政府地质灾害防治工作目标管理绩效考核内容。

值班期间严禁饮酒、娱乐等行为。

## 2. 地质灾害"三查"

地质灾害"三查"即:汛前排查、汛中巡查、汛后核查。每年要适时对"三查"工作进行部署安排。"三查"主要任务是查明隐患点的变形情况、防灾政策、制度的贯彻落实情况,防灾责任人、群测群防人员的信息变化情况。

汛前排查须查明已知地质灾害隐患点的变形情况,明确年度地质灾害防治重点和防治方向。汛中巡查重点是巡查汛前排查发现的那些已出现变形的隐患点、切坡建房危险点的变形破坏情况,各种途径上报的灾险情点核查情况,须拿出排危除险方案或应急处置建议,尽力避免灾险情扩大。汛后核查重点:一是确认全年新发生点是否是地质灾害隐患点,若认定为地质灾害隐患点,须按入库要求补充调查、完善相关资料;二是对经综合治理且已达到核销条件的隐患点进行核销;三是对多年稳定,尤其是在历史最强降雨工况下也未出现变形的隐患点,县、市自然资源主管部门可组织专家进行鉴定、核销。

"三查"报告的编写应阐述"三查"任务来源、任务完成情况、"三查"前地质灾害基本情况、"三查"发现的已出现变形迹象的隐患点情况、新增隐患点详细情况、核销隐患点情况、"三查"结果与建议。附件资料包括野外调查表、照片集、短视频、已更新地质灾害隐患点分布图和数据库等。

# 3. 地质灾害隐患点管理

地质灾害隐患点的动态管理坚持"县级负责、依规申报、专业调查、部门审核"的原则。

县级地质灾害防治主管部门负责组织本辖区内小型地质灾害隐患点的调查、认定、变更及核销,并报市级地质灾害防治主管部门审查备案;市级地质灾害防治主管部门负责组织本辖区内中型及以下地质灾害隐患点的调查、认定、变更及核销,并报省级地质灾害防治主管部门审查备案;省级地质灾害防治主管部门负责全省大型及以上地质灾害隐患点的核查、认定、变更及核销,并报上一级地质灾害防治主管部门审查备案。

受委托的调查单位(指具有地质灾害评估和治理工程勘查设计资质的单位,下同)对待新增、变更、核销的隐患点进行调查,并对调查结论负责。

## (1) 认定

因自然因素或人为因素引发的地质灾害隐患,经调查确认后,应纳入地质灾害隐患数据库管理。

地质灾害"三查"或各类地质灾害调查项目新发现的地质灾害隐患,经审核、审批确认后,应纳入地质灾害隐患点数据库管理。

水利、交通、住建、矿山、旅游景区等有责任主体的地质灾害隐患不纳入地质灾害隐患数据库管理,由相关行业主管部门(单位)按照国务院和省委、省政府关于地质灾害防治相关法规和规定组织开展地质灾害防治工作。

地质灾害隐患点审核由市级自然资源主管部门组织专家赴现场核查,对县自然资源局提供的隐患点调查报告进行审查,审定威胁范围,核准威胁对象,认定隐患点等级。

新增的小型地质灾害隐患点由县级地质灾害防治主管部门认定后,报市级地质灾害防治主管部门审核审批;新增中型及以上地质灾害隐患点经市级地质灾害防治主管部门认定后,报省级地质灾害防治主管部门审查备案。

(2) 变更

若地质灾害隐患点威胁范围或威胁对象发生变化,隐患点等级须重新核定,隐患点信息须变更;若隐患点地质环境条件发生变化,隐患点稳定状态发生变化,须经调查核定后对隐患点信息进行变更;若地质灾害"三查"发现隐患点的群测群防人员或责任人等发生变化,须对隐患点数据信息、标牌信息及时变更;地质灾害隐患点群测群防人员或责任人变更,依据审定后的"三查"报告进行变更;地质环境条件变化致稳定性变化、隐患点等级变更须提供专业核查报告,主要内容包括隐患点的基本情况、变化情况、结论建议等。应附调查照片、平剖面图等,必要时应附高清全景正射影像。

## （3）核销

地质灾害隐患点核销须经汛后核查论证后方可核销。

已实施地质灾害避险搬迁工程,且受威胁人员已全部撤离、受威胁房屋已全部拆除后,原隐患点可以核销。

已完成地质灾害工程治理,且竣工验收之后满一个水文年一年监测期内地质灾害防治工程运行良好,地质灾害风险已消除,原隐患点可以核销。

隐患点连续监测5年,一直未出现险情,且降雨工况高于隐患点认定时的降雨工况,县地质灾害防治主管部门可邀请专业单位进行调查评估,确认地质灾害隐患点已稳定的可以核销,但随后5年仍须开展"三查"。若有险情,可再次纳入隐患点数据库进行管理;若无险情,则不再开展"三查"。

已核销的地质灾害隐患点应保留在全省地质灾害隐患点数据库中,作为已核销隐患点实行分类管理。若因周边地质环境发生改变,导致其复活并产生新的险情时,应重新纳入隐患点数据库,按原编号进行管理。

在地质灾害隐患认定与核销监督管理过程中存在隐瞒谎报、擅自核销或存在其他渎职行为的,对直接负责的主管人员和其他直接责任人员,依照《地质灾害防治条例》第四十条第六款有关规定给予相应行政处分;具备地质灾害评估或勘查相应资质的单位,在开展地质灾害隐患点认定、变更、核销调查工作中存在资质弄虚作假、故意隐瞒地质灾害真实情况或其他违法行为的,依照《地质灾害防治条例》第四十四条有关规定对相关责任单位依法依规给予罚款、降低资质等级或吊销资质证书,构成犯罪的,依法追究刑事责任;给他人造成损失的,依法承担赔偿责任等处罚。

## 4. 地质灾害速报和月报

### (1) 地质灾害速报

① 速报原则

情况准确、上报迅速、以县为基础。

② 速报时限

发生人员伤亡和失踪的地质灾害灾情,以及特大型、大型和中型险情,灾害发生地的市、县(市、区)自然资源和规划局要在接到报告后1小时内,速报当地人民政府和省自然资源厅。

未发生人员伤亡和失踪的地质灾害灾情、小型险情及避免人员伤亡的成功预报实例,灾害发生地的市级自然资源和规划局要在接到报告后6小时内,速报当地人民政府和省自然资源厅。

因灾伤亡或较大经济损失的疑似地质灾害灾情和险情,以及可能引发地质灾害或社会普遍关注的其他灾情,灾害发生地的市、县(市、区)自然资源和规划局要第一时间通过电话、传真等方式向省自然资源厅简要报告情况,做到有效处置,严防迟报、漏报。

③ 速报内容

地质灾害速报应尽可能详细说明地质灾害灾情或险情发生的时间、地点、灾害类型、灾害体的规模、可能的引发因素和发展趋势等,同时提出主管部门采取的对策和措施。对地质灾害灾情的速报,还应包括死亡、失踪和受伤的人数以及造成的直接经济损失。

## (2)地质灾害月报

每月1日前,各市自然资源部门将本行政区域内上一个月度发生的地质灾害月报信息(成功预报实例、重大灾险情逐点详细文字材料等作为附件),按要求报省自然资源厅,同时对本行政区域内本月地质灾害发展趋势作出简明扼要的预测说明。每季度末和次年2月15日以前报送下季度和下一年度的地质灾害发展趋势预测说明。

统计地质灾害灾险情时要按照自然资源部《关于做好地质灾害统计数据报送工作的通知》(自然资地勘函〔2020〕12号)规定,将达到统计标准的灾情和未达到统计标准的灾险情分开填报。

成功避险实例文字内容包括:发生预警时间、地质灾害发生的时间、地点、地质灾害类型、规模,应急避让人数,避免伤亡人员和财产损失,预报方法和避灾措施情况等。避免人员伤亡和财产损失数量按照地质灾害直接威胁范围确定,如倒塌房屋内的居住人员或灾害现场活动人员等。

值班人员玩忽职守,未按本制度要求上报地质灾害灾险情、延误抢险救灾造成损失的,将依法依规追究责任。

## 5. "两卡一表"发放

全面实行地质灾害隐患点《崩塌滑坡泥石流等地质灾害防灾工作明白卡》《崩塌滑坡泥石流等地质灾害防灾避险明白卡》《地质灾害隐患点防灾预案表》(以下简称"两卡一表")发放制度。

"两卡一表"统一使用原国土资源部制作的样式,由县(市、区)自然资源主管部门印发给乡镇政府(含街道办事处,以下同),由乡镇人民政府统一组织发放工作。

《防灾工作明白卡》发放对象为地质灾害防治责任单位、相关责任单位和隐患点监测人员;《避险明白卡》《地质灾害隐患点防灾预案表》的发放对象为受地质灾害威胁的单位和群众。每户(或单位)一份,由乡镇政府组织村组隐患点监测人发放,同时告知相关防灾避险内容,住户(或单位)应签收,并妥善保管或张贴在醒目位置。

"两卡一表"发放工作必须在每年的汛期前完成。乡镇人民政府须对发放的"两卡一表"登记造册,建立发放台账,报县(市、区)自然资源部门备案。4月底前应将"两卡一表"发放汇总表报市自然资源和规划局备案。

"两卡一表"发放工作每年一次,不得因为过去已发放"两卡一表"而当年不发放。对未按本制度发放"两卡一表"或"两卡一表"发放不到位、造成人民群众生命财产损失的,依法追究有关人员责任。

## 6. 地质灾害危险性评估

地质灾害易发区工程建设在可研阶段应开展地质灾害危险性评估,查明工程建设范围及其周边第一斜坡带的地质灾害及隐患现状,并对其危险性逐一进行评估。对工程建设可能遭受地质灾害危害进行预测评估,对工程建设可能加剧地质灾害危害进行预测评估,最后根据现状评估和预测评估结果开展地质灾害危险性综合评估,圈定不同等级地质灾害危险区范围,提出地质灾害防治对策与建议,并对工程建设场地的适宜性作出评价。

## 7. 地质灾害调查

滑坡、崩塌、泥石流、岩溶塌陷、地面沉降调查均有相应规范,调查时应按规范要求填写调查表格,重点调查其地理位置、灾害类型、地质环境条件、形态规模特征、变形破坏特征、灾险情、灾害成因、稳定性分析、监测建议、防治建议等,须绘制地质平剖面图。

## 8. 地质灾害应急调查

地质灾害应急调查是在突发地质灾害抢险救援阶段开展的地质灾害调查,除按地质灾害调查规范要求查明地质灾害类型、形态规模特征、变形破坏特征、灾情险情、威胁对象、威胁范围、灾害成因外,重点要查明地质灾害的发展趋势,对发生次生灾害的可能性作出评估,避免抢险救灾人员遭受次生或二次灾害伤害,为政府处置地质灾害提供科学方案。

## 9. 地质灾害风险调查

地质灾害风险调查主要开展1:5万县(市、区)调查、1:1万重点乡镇或小流域调查、1:2000重点区块调查。

主要工作内容包括地质灾害与孕灾地质条件调查、承灾体调查,判识地质灾害隐患;总结调查区地质灾害发育分布规律,分析地质灾害成灾模式;开展地质灾害易发性、危险性和风险评价,编制地质灾害风险调查评价相关图件;建立地质灾害风险调查空间数据库,提出地质灾害风险管控对策建议,为防灾减灾管理、国土空间规划和用途管制等提供基础依据。

## 10. 地质灾害治理工程勘查、设计、施工、监理

根据安徽省地质灾害多年治理经验,应注意以下四点要求。

### (1) 勘查要到位

地质灾害治理不能只开展调查,治理工程必须勘查,调查是治理方案的基础,勘查是治理设计的基础,但勘查前应先做调查,提出并优选出地质灾害治理方案。

崩塌一定要查清楚危岩体的数量、分布、稳定情况。

滑坡一定要查明危险区范围(滑坡体范围、威胁对象、威胁范围)、滑动面(滑带)情况、剪出口位置。

泥石流一定要准确圈定出物源区、流通区、堆积区。物源区一定要查清崩塌、滑坡情况、水土流失情况;流通区一定要查清楚流通及块石堆积情况;堆积区一定要查清堆存空间,并应布置一定的物探和钻探工作,查清楚其历史情况,分析判定其频次(高频、中频、低频)和规模。

岩溶塌陷一定要查清楚岩溶发育强度、松散覆盖层结构、厚度及其工程地质特征(重点是流沙层、淤泥层情况)、地下水漏斗范围及水位升降情况。

勘查主要针对治理方案中的治理工程进行针对性勘查,为治理工程设计提供地质依据,主体工程之下必须布设勘查剖面。

（2）设计要合理

设计必须做到经济合理、安全可靠、技术先进、环境协调。

崩塌治理设计应确保清除所有已查明的危岩体，碎裂状可考虑采用柔性防护网；植被发育的可考虑被动防护网，避免生态环境破坏；植被不发育的，可以采用主动防护网；若房屋距离山坡太近，挂网锚杆可垂向深入稳固岩层。

滑坡治理设计总体原则是"砍头、压脚、缠腰带"。"砍头"就是消除滑坡体上部凸出的岩土体，达到减载目的；"压脚"就是在坡脚滑坡剪出口采用块石、钢筋混凝土、沙袋等重物堆压，防止岩土体剪出；"缠腰带"就是在坡体主滑地段采用阻滑工程（多采用抗滑桩），因安徽省灾害体规模一般较小，多采用1至2排微型抗滑桩，为防止土体下滑多采用微型桩板墙、滑坡体较厚时多采用锚（索）拉微型桩板墙等。

泥石流治理设计总体原则是"固源、拦挡、排导、停淤"。"固源"就是采取工程措施对物源区的崩塌、滑坡灾害进行治理，采用生物工程措施防水土流失；"拦挡"就是依据流通区的地形情况，在中上游强径流陡坡地段分级修建拦挡坝、谷坊群等，拦截泥石流，削弱泥石流强度，沉积砂石，减小泥石流破坏能力；"排导"就是在流通区的下游缓坡地段修建排导沟、导流堤、顺水坝等工程，规范泥石流流径，削弱泥石流强度；"停淤"就是在泥石流的出口地段开辟人工停淤场，引导规范泥沙淤积场所。

岩溶塌陷治理设计主要是"回填、强夯、跨越或注浆"。"回填"是填入块石、碎石，做成反滤层；"强夯"是吊起夯锤起到一定高度，然后让其自由落下，对洞内土体或填土进行夯实；"跨越"是采用梁板跨越，两端支承在可靠的岩土体上，该方法一般用于塌洞较深较大或开挖回填注浆有困难的地方；"注浆"是把水泥、砂浆等灌注材料通过钻孔或溶洞口进行注浆，多用于埋深较深的溶洞。水泥标号应大于450号，灌浆方式可采用低压间歇定量或循环式灌注，间歇时间可控制在7至8小时，密切观察注浆量，谨防超量注浆。

分部分项工程设计必须提供计算书、经费必须提供预算书。地质灾害治理设计是动态设计，施工过程中若发现地质条件与勘查不符，必须及时修正设计方案。

### （3）施工要规范

施工单位必须有地质灾害施工资质，且等级要与工程等级相符。施工准备要充分，施工方应根据施工设计编制施工组织方案，合理安排施工程序，并须通过严格审查。施工日志和监理日志须记录当天的机械设备在场情况、施工人员情况、进场材料情况，施工的分部分项工程名称及当天完成情况，出现或发现的问题及其处理情况。

### （4）监理重旁站

地质灾害治理隐蔽工程多，如抗滑桩、挡墙基础、锚索、锚杆施工等，监理必须在现场做好旁站记录。严禁借施工场地不足或因群众强烈要求随意开挖坡脚、后退挡墙,若发生事故,施工方、监理方须承担相应责任。

## 11. 地质灾害治理工程验收

由省财政或中央财政出资的地质灾害综合治理项目,竣工验收分初验和终验。初验由县自然资源主管部门组织,形成初验报告,施工单位须按专家意见进行整改并形成整改报告;终验由市自然资源主管部门组织验收,并报省自然资源厅备案。

竣工验收分野外现场验收和室内竣工资料查验。现场验收专家组主要依据设计和变更设计,对分部分项工程逐一查验其质量、外观和效益,同时查验竣工标牌、监测标识和监测记录,不符项要逐一列出并限期整改,施工方要按时提交整改报告。

竣工验收室内资料查验须提供下列资料:管理类资料、设计类资料、竣工验收资料、监理类资料、财务资料等。

# 附录　安徽省16市（按隐患点数量排序）地质灾害情况

## （一）黄山市地质灾害防治

### 1. 地质环境状况

黄山市地处北亚热带，属于湿润性季风气候，多年平均降雨量1825.4 mm，梅雨多5月进，7月出。山地面积约5000 km²，占比51％；丘陵面积约3540 km²，占比36.1％；谷地、盆地面积约1267 km²，占比12.9％。黄山市最高峰为莲花峰，标高1864.8 m。一级地质构造单元为扬子准地台，二级构造单元为下扬子台坳、江南台隆。地层由老到新分别为中元古界的蓟县—长城系（千枚岩）；上元古界的青白口系（玄武岩、石英砂岩）、南华纪（泥岩、砂岩）、震旦系（硅质岩、泥岩）；古生界的寒武系（灰岩、炭质硅质页岩）、奥陶系（泥岩、页岩）、志留系（砂岩）、泥盆系（砂岩）、石炭系（砂岩、泥质灰岩）、二叠系（灰岩、炭质硅质页岩);中生界的三叠系(砂岩)、侏罗系(砂岩、砾岩)、白垩系(砂岩、砾岩)、第四系(粘土、粉砂、粉土、砾石)。

## 2. 地质灾害基本情况

黄山市是我省地质灾害多发区之一,截至 2022 年底共有地质灾害隐患点 1118 处,规模均为小型。其中:崩塌 590 处,滑坡 481 处,泥石流 47 处,共威胁 3655 户 11611 人,威胁财产约 47019 万元。

## 3. 地质灾害防治情况

(1) 调查评价:黄山市于 2015 年先后完成了祁门县、休宁县、歙县、黟县、黄山区、屯溪区、徽州区 1:5 万地质灾害调查与区划报告;2019 年在全市范围内开展地质灾害隐患全面深入排查工作,共排查农村村民切坡建房隐患点 6317 处(含在册地质灾害隐患点 499 处),其中,纳入地质灾害数据库管理的 35 处(涉及 43 户),纳入乡镇群测群防体系管理的 5194 处。

(2) 监测预警:① 充分利用现代互联网技术,建成监测数据智能采集、及时发送和自动分析的监测系统。建立并完善专业监测网络,充分发挥专业监测机构的技术支撑作用,在重点地质灾害隐患点布设专业仪器进行实时、自动监测,构建群测群防与专业监测有机融合的地质灾害监测网络。目前已有 403 处地质灾害点安装了普适性监测设备,其中压电式雨量计380个,裂缝计9个,GNSS监测站182个,GNSS基站6个,倾角加速度计290个,土壤含水率119个,泥水位计16个,土压力传感器1个,地声传感器1个,次声传感器2个,三合一传感器45个,视频监控仪器37个,预警广播93个,室内报警器31个,围栏标识牌757个。② 开展地质灾害预警预报系统研究。2018年建成了黄山市地质灾害定向预警模型(第一代模型),并开发了定向预警软件系统和微信公众服务号,进一步完善地质灾害预警预报网络和工作机制;2022年黄山市地质灾害智能监测预警平台项目通过最终验收,预警预报单元由县(区)缩小为乡(镇),预警频次由24小时缩短为10分钟,让预警工作变得更高效更精准。预警平台自2018年上线以来,共发布实时定向预警1812次,覆盖乡镇2754个,成功预报19起,有效避免了人员伤亡。

(3)搬迁工程:全市历年(自2016年有记录开始)共有191处地质灾害搬迁避让工程申报,其中已完成验收187处,消除507户1508人威胁隐患。

(4)治理工程:全市历年(自2012年有记录开始)共有119处地质灾害治理工程立项,其中已完成治理验收93处,消除2431户9081人威胁隐患。

(5)防灾能力建设:建立健全了县(区)、乡(镇)、村组、监测员四级群测群防体系。"十三五"以来,共填制发放"防灾工作明白卡"和"避险明白卡"近5万份;开展宣传培训435场次,参训人员24792人;开展应急演练258场次,参演人员近18657人。2019年起,每年均组织开展"十佳地质灾害群测群防员"评选,进一步激励在地质灾害防治工作中做出突出贡献的监测员。

（6）信息化建设：建立黄山市地质灾害智能监测预警平台，实现地质灾害防治全生命周期、全流程管理，加强市县两级的地质灾害数据库网络的联网融合，数据共享程度得到提升；建立微信公众号向群测群防员和受威胁群众及时推送监测预警信息，为社会公众提供信息查询服务，同时为相关基层工作人员上报灾险情提供更便捷的方法。

## 4. 地质灾害防治任务和防治方法

黄山防灾任务重，三分之一占全省；
崩塌滑坡数量多，泥石流灾也较重。
易发分区面积大，初步统计八千八（$km^2$）。
年须搬迁七八十，治理工程十多项；
威胁户多装普适，排危除险随时上。
群测群防是重点，宣传培训加演练；
信息建设是手段，智能防灾是方向。
多措并举齐努力，汛期防灾要加强；
"三查"工作要到位，督查指导强保障。

# (二) 宣城市地质灾害防治

## 1. 地质环境状况

　　宣城市位于皖东南,地处皖南山区与沿江平原结合地带。中亚热带湿润季风气候区,多年平均降水量1317.5 mm,年际变化较大,最大年降水量2160.51 mm(1954年),最小年降水量760.88 mm(1978年),梅雨6月进,7月出,台风多在8、9月。受地质构造控制,地势南高北低,地貌复杂多样,大致可分为山地、丘陵、盆(谷)地、岗地、平原五大类型。宣城市位于扬子陆块,主体位于江南地块皖南褶断带,北西部边缘属下扬子地块南缘褶断带,南东部边缘属浙西地块昌化褶断带,地层由老到新分别为中元古代蓟县系;新元古代青白口系、震旦系;古生代寒武系、奥陶系、志留系、泥盆系、石炭系、二迭系;中生代三迭系、白垩系及新生代第四系。岩性主要有板岩、粉砂岩、泥岩、灰岩、亚粘土等。

## 2. 地质灾害基本情况

宣城市是安徽省地质灾害多发区之一,截至2022年底,宣城市在册地质灾害隐患点572处,规模均为小型。其中崩塌隐患316处,占灾点总数的55.24%;滑坡隐患210处,占灾点总数的36.71%;泥石流隐患28处,占灾点总数的4.90%;地面塌陷隐患18处,占灾点总数的3.15%。共威胁1443户4432人,威胁财产24691.5万元。

## 3. 地质灾害防治情况

(1) 调查评价:2015~2016年宣城市先后完成了全区共7个县(市)的1:5万地质灾害详细调查;自2000年始,陆续开展了7个县(市)1:5万地质灾害风险调查,2023年即将完成;2019年在全市范围内开展了地质灾害隐患全面深入排查工作,共查出切坡建房危险点3476处。

(2) 监测预警:全市236处地质灾害隐患点安装了地质灾害普适型监测设备共1297套(用于监测隐患点裂缝变化、坡体变形、降雨量,主要设备有雨量仪229套、裂缝仪64套、GNSS位移监测70套、倾角加速度529套、土壤含水率89套、报警器165套、土压力计20套、泥水位计9套、次声仪4套、视频监控118套等)。

(3) 搬迁工程:"十三五"期间,实施地质灾害搬迁避让73处,减少损失3690万元,消除威胁对象402户1240人。实施搬迁避让攻坚行动,市政府印发了《宣城市地质灾害搬迁避让攻坚行动实施方案(2022~2024年)》,分年度实施地质灾害搬迁避让,每年度搬迁避让不少于86户。

(4)治理工程:"十三五"期间,实施地质灾害治理工程54个,消除威胁176户617人、财产5777万元。2020年以来争取中央、省级财政资金2528.71万元(中央资金1149.98万元、省级资金1378.73万元),对20处地质灾害隐患点开展了工程治理(宣州区1处、宁国市10处、泾县3处、绩溪县4处、旌德县2处)。

(5)防灾能力建设:一是及时调整充实了宣城市地质灾害防治工作领导组。从省地质矿产勘查局311地质队、安徽省地质环境监测总站等单位抽调技术人员,组建市突发地质灾害应急技术指导组7个组,共计36人,建立了宣城市自然资源和规划局局领导班子成员包干联系县(区)制度,为地质灾害防治工作提供了组织保障和技术支撑。二是积极开展培训、宣传和演练。"十三五"期间,配合相关部门开展地质灾害应急演练80次,3284人参与。结合"4.22世界地球日""5.12防灾减灾日"等活动开展群测群防员宣传培训77场次,6387人参加。发放"两卡一表"9554份,发放地质灾害防治知识宣传材料27120份。三是加强值班值守制度。宣城市自然资源和规划局每年实行非汛期日常值班及汛期全系统地质灾害防治24小时值班制度,公布值班电话,坚持领导带班,明确工作职责和值班纪律,及时发布预警信息,确保信息畅通。四是及时处置灾险情。接到灾险情报告后,市、县(区)自然资源和规划局均在第一时间组织地质灾害应急技术指导专家赶赴现场进行指导,认定防灾责任主体、划定危险区范围,按照"谁建设、谁负责,谁引发、谁治理"的原则落实地质灾害防治责任。"十三五"期间开展应急调查185次,因地质灾害转移群众4773户13525人。

(6)信息化建设:委托311地质队建设市级地质灾害监测预警平台,基本实现监测预警、指挥调度、数据库更新等一站式、智能化管理。

## 4. 地质灾害防治任务和防治方法

宣城防灾任务重,两成隐患占全省;
切坡建房数量大(3476处),地灾类型有5种。
易发分区面积大,初步统计七千一($km^2$)。
年须搬迁86户,治理工程20项;
威胁户多装普适,排危除险要多上。
北上台风影响大,东进台风也可怕;
竹林茶园山核桃,地质灾害重点防。
切坡建房灾多发,汛期重点抓巡查;
房前屋后看管好,防灾减灾效益大。

# (三)安庆市地质灾害防治

## 1. 地质环境状况

安庆市地处大别山区南麓,属于北亚热带湿润气候区,多年平均降雨量1290.4~1518.5 mm,梅雨6月进,7月出。安庆市最高峰为岳西县天河尖1755 m,最低处为长江漫滩7.5 m,高差1747.5 m。山地占全市面积35.69%,丘陵占33.1%,圩区占20.05%,水面占10.58%,沿江滩地占0.58%。全市位于扬子准地台,横跨淮阳台隆和下扬子台坳两个二级构造单元,以池河—太湖断裂为界,北西属岳西地层小区,南东属安庆地层小区,地层出露较齐全。岳西地层小区主要为下元古界、上太古界的宿松群和大别山群,岩性以片麻岩夹斜长角闪岩、片岩、大理岩、变粒岩为主。安庆地层小区从上古生界震旦系到新生界均有分布。震旦系、寒武系、奥陶系、石炭系、二叠系、三叠系以灰岩、大理岩为主,夹砂岩、页岩、硅质岩;志留系、泥盆系、侏罗系、白垩系、第三系以碎屑岩为主,主要为砂岩、页岩、泥岩;第四系地层发育齐全。

## 2. 地质灾害基本情况

安庆市是我省地质灾害多发区之一。截至2022年底,共有地质灾害隐患点550处。其中:崩塌393处,滑坡144处,泥石流10处,地面塌陷3处,共威胁1188户4682人,威胁财产约18219万元。

## 3. 地质灾害防治情况

(1) 调查评价:2014～2017年实现了1:5万地质灾害详细调查全覆盖,汛前排查、汛中巡查、汛后核查和雨前排查、雨中巡查、雨后核查已常态化、制度化、规范化;"十三五"期间,全市累计查明新增地质灾害隐患点742处,核销地质灾害隐患点1234处,查明全市目前已知地质灾害隐患点919处;完成岳西县1:1万小流域地质灾害调查试点项目1个;开展了全市切坡建房隐患排查,调查面积1.35万 km²,共查出切坡建房危险点2529户。

(2) 监测预警:2021年和2022年,省厅在175处地质灾害隐患点上安装了普适型监测设备,提升了监测预警的时效性;与市气象部门联合开展地质灾害预警预报工作,预警预报单元精细化到乡镇,预警信息通过短信、网站、传真、电视节目等多种途径对外发布,并在全省率先将电话语音反拨运用到临灾预警工作中,有效保障了人民群众生命和财产安全;地质灾害防治网格化管理实现全覆盖,并逐步由群测群防向群专结合转变。

(3)搬迁工程:"十三五"以来,全市累计争取各类资金1.4亿元用于地质灾害防治工作,开展地质灾害搬迁避让"以奖代补"项目890个,共避让搬迁受地质灾害威胁群众1672户5726人。

(4)治理工程:"十三五"以来,完成地质灾害隐患点工程治理省级奖补项目33个;通过地质灾害避让搬迁、治理工程等综合治理的实施,至"十三五"末,全市彻底消除大、中型地质灾害点。2016年以来,通过临时避让和排危除险措施的实施,做到了地质灾害无人员死亡。共实施了排危除险措施130处,消除了131户467人的威胁,有效保障了受威胁人民群众的生命财产安全。

(5)防灾能力建设:依托省地质环境监测总站、省地质矿产勘查局311、326地质队等专业技术单位,全面提升地质灾害防治专业支撑能力;建立了市级地质灾害防治技术中心,每年均组织40多名地质灾害防治专业技术人员赴重点乡镇驻县包乡,为基层地质灾害防治工作提供有力技术支撑。加强地质灾害防治宣传培训,开展市、县级培训130多场,累计培训人员1.1万人。组织开展基层地质灾害防治转移避险应急演练近百场次,累计参演人员0.9万人,特别是2016年成功承办了全省首次突发地质灾害实战应急演练;2017年成功承办了安徽省(北片)地质灾害防治应急演练,地质灾害防治社会氛围浓厚,群众防灾意识和自救、互救能力显著提升。

(6)信息化建设:在太湖县成功完成全省地质灾害防治网格化管理工作,建成全市地质灾害防治视频指挥调度系统,实现省、市、县互联互通,建成了安庆市地质灾害智能监测预警信息化平台,实现了地质灾害短临预报预警和相关业务流程的数字化操作。全市地质灾害防治信息化工作不断稳步推进,日趋完善。

## 4. 地质灾害防治任务和防治方法

安庆防灾任务重,两成隐患占全省;
切坡建房数量多,地灾类型有4种。
山地丘陵面过半,易发分区近六成。
中高风险面积大,初步统计三千六($km^2$)。
安庆地形高差大,地质构造也复杂;
大别山区是重点,古老岩层易风化。
年须搬迁约十户,治理工程十五项;
威胁户多装普适,排危除险随时上。
群专结合成经典,电话反拨树榜样;
"三查"工作很到位,精细预警立方向。

# (四) 六安市地质灾害防治

## 1. 地质环境状况

六安市地处北亚热带与温带之间,属湿润季风气候。气温温和,雨量充沛,光照充足,四季分明,无霜期较长,年均无霜期210~230天,全市多年平均降水量1242 mm。六安市山地面积7631 km²,占全区总面积的49.4%。中山区分布西南边境,海拔高程在1000 m以上的高峰有120座,最高峰白马尖1777 m;低山区分布在中山区外围,海拔高程200~1000 m,山间分布有开阔的盆地。根据六安市地貌类型、地层岩性、岩石强度等地质环境条件,区内岩土体可划分为7个工程地质岩组,即:碎裂状较软花岗片麻岩强风化岩组(gn)、块状较坚硬花岗岩弱风化岩组(R)、片状较软云母石英片岩组(D)、中厚层较坚硬碳酸盐岩组(∈)、中厚层较坚硬碎屑岩组(J+K)、粘性土单层土体($Q_3$)及粘土、砂卵石双层土体($Q_4$)。

## 2. 地质灾害基本情况

六安市是安徽省地质灾害多发区之一,截至2022年底,六安市共有地质灾害隐患点344处。其中:崩塌117处,滑坡219处,泥石流8处,共计威胁782户3029人,16231.5万元财产受到威胁。

## 3. 地质灾害防治情况

(1)调查评价:2013～2014年先后完成了六安市金寨县、霍山县、裕安区、金安区、舒城县1:5万地质灾害调查工作;2019年,在全市范围内开展地质灾害隐患全面深入排查工作,共查出切坡建房隐患点4473处,其中42处已纳入地质灾害隐患点进行管理;截至2022年底,陆续开展并完成了7个县区的1:5万地质灾害风险调查评价。

(2)监测预警:"十三五"期间,通过市级平台共发布地质灾害黄色以上预警63次,其中红色预警4次、橙色预警15次、黄色预警44次;及时转移受威胁群众4091人次,共投入地质灾害防治资金1.35亿元,实施地质灾害工程治理20处,排危除险117处,保障了2303人的生命财产安全;实施搬迁避让324处,使626户2237人彻底摆脱了地质灾害威胁。2022年,六安市共计134处地质灾害点安装了普适性地质灾害监测设备滑坡裂缝仪、自动雨量计及预警广播等。

（3）搬迁工程："十三五"以来，完成了地质灾害搬迁避让工程332个，累计避险转移643户2296人。

（4）治理工程："十三五"以来，六安市完成了地质灾害工程治理与排危除险共计206个，3055人的生命安全得到了保障。

（5）防灾能力建设：成立了地质灾害防治技术中心，先后选派30余名技术人员驻县包乡，技术支撑能力显著提升。强化汛期24小时值班值守，并为值班人员配备专用设备。集中组织宣传培训36场，培训人数5597人，发放地质灾害"防灾明白卡"和"避险明白卡"12206份；开展避险转移演练24场，参演人员1650人，群众防灾意识和自救、互救能力显著提升。

（6）信息化建设：完成了六安市地质灾害信息化平台建设，建成市级地质灾害风险防控智慧服务平台。完成地质灾害隐患点数据管理平台和切坡建房数据库建设，开通微信公众号"六安自然资源"，推进市级地质灾害预警平台建设，信息化服务功能日趋完善，有效提高了地质灾害监测预警效率。

## 4. 地质灾害防治任务和防治方法

六安防灾任务重，隐患多在大山中；
花岗岩体易风化，石英片岩易崩塌。
毛竹茶园分布广，切坡修路建新房；

小崩小塌危害重,泥石流灾爆发强。

易发分区面积大,初步统计七千六($km^2$)。

年须搬迁六七户,治理工程约五项;

威胁多户装普适,排危除险随时上。

群测群防是重点,网格管理要加强;

"三查"督查要到位,资金技术要保障。

# （五）池州市地质灾害防治

## 1. 地质环境状况

池州市地处亚热带北缘，属温暖湿润的亚热带季风气候，多年平均降雨量1534 mm，梅雨多从每年6月进，7月出。池州市山峰最高1728 m，地质构造单元属长期隆起的扬子准地台区（I级构造单元），横跨下扬子台坳与江南台隆两个II级构造单元；中元古界、上元古界岩性砂岩为主，寒武系、奥陶系、石炭系、二叠系和三叠系以灰岩、大理岩为主，夹砂岩、泥岩、页岩，志留系、泥盆系、白垩系和第三系以碎屑岩为主，主要为砂岩、页岩、泥岩；分布于沿江及其支流两侧一带的第四纪地层发育齐全，厚度一般小于50 m，岩性主要为粉细砂、粘土、砂砾石等。

## 2. 地质灾害基本情况

池州市是我省地质灾害多发区之一，截至2022年底，共有地质灾害隐患点318处。其中：崩塌166处，滑坡117处，地面塌陷17处，泥石流18处;贵池区67处,东至县120处,石台县21处,青阳县79处,九华山31处。共威胁973户3603人,威胁财产13778.5万元。

## 3. 地质灾害防治情况

(1)调查评价:池州市于2014年先后完成了安徽省贵池区、东至县、石台县、青阳县(含九华山)1:5万地质灾害调查工作;2019年在全市范围内开展地质灾害隐患全面深入排查工作,共查出切坡建房危险点1069户;2020年安徽省自然资源厅、池州市自然资源和规划局组织并完成了石台县、东至县、青阳县和贵池区的1:5万地质灾害风险调查工作,基本查明了地质灾害主要类型、分布规律和形成条件,划分了地质灾害风险区。

(2)监测预警:2009年8月,青阳县陵阳镇清泉村长阡组首次安装2台滑坡预警伸缩仪。2011年、2012年分别在贵池区牌楼镇佳山村孙冲组滑坡隐患点、贵池区唐田镇石坡村万寿组滑坡隐患点安装滑坡预警伸缩仪。2014年11月青阳县陵阳镇陵阳村上西组不稳定斜坡安装滑坡预警伸缩仪。为继续推进安徽省地质环境信息化建设步伐,更好地完成"安徽省国土资源厅野外地质灾害隐患点监测"项目,池州市2016年安装了11台雨量监测仪,2017年安装了10台雨量监测仪。2017年3月,在贵池区里山街道办事处双河村东庄组安装了滑坡灾害裂缝监测仪器三台。2021年底,安徽省自然资源厅实施地质灾害监测预警设备采购及安装、维护技术服务项目,涉及池州26处地质灾点。2022年安徽省自然资源厅实施第二批地质灾害监测预警设备采购及安装、维护技术服务项目，涉及池州97处地质灾害点。

（3）搬迁工程："十三五"以来全市共完成地质灾害避让搬迁137处787户2572人。

（4）治理工程："十三五"以来全市共完成地质灾害工程治理38处；完成排危除险30处。

（5）防灾能力建设：一是及时调整充实了池州市地质灾害工作领导小组。从安徽省地质环境监测总站、省地质矿产勘查局324地质队、池州市规划勘测设计总院等单位抽调技术人员，组建市突发地质灾害应急技术指导组5组和地质灾害应急测绘组1组，共计18人，建立了池州市自然资源和规划局局领导班子成员包干联系县区制度，为地质灾害防治工作提供了组织保障和技术支撑。二是积极开展培训宣传演练工作。"十三五"以来，共计配合相关部门开展地质灾害应急演练工作17次，6851人参与。结合"4.22世界地球日""5.12防灾减灾日"等活动向广大人民群众普及地质灾害防治知识，开展群测群防员宣传培训48场次，3055人参与。发放"防灾明白卡""避险明白卡"和"防灾表"共计22322份，发放地质灾害防治知识宣传材料35597份。三是加强值班值守制度。池州市自然资源和规划局每年实行非汛期日常值班及汛期全系统地质灾害防治24小时值班制度，公布值班电话，坚持领导带班，明确工作职责和值班纪律，及时发布预警信息，确保信息畅通。四是及时处置灾险情。"十三五"以来共计开展应急调查382次，因地质灾害转移群众2944户8484人。

（6）信息化建设：2020年池州市三县一区均建设了地质灾害"网格化"管理平台。2022年建设完成池州市地质灾害预警信息平台，接入地质灾害普适性监测设备数据，并与气象、应急部门积极沟通，做好数据、信息推送、互通。

## 4. 地质灾害防治任务和防治方法

池州防灾任务重，地灾类型有4种；
崩塌滑坡数量多，碎屑岩层重防控。
易发分区面积大，初步统计六千二（$km^2$）。
年须搬迁五六户，治理工程约五项；
威胁多户装普适，排危除险要跟上。
切坡建房是重点，房前屋后不能放。
切坡修路有责任，公路管理到村庄。

# （六）合肥市地质灾害防治

## 1. 地质环境状况

　　合肥地处长江、淮河两大流域的分水岭两侧,属亚热带湿润性季风气候。年降水量947.8～985.3 mm,最大降水量1524 mm(2020年),最小降水量572.9 mm(1978年),梅雨6月入,7月出,夏雨集中。地势南高、北低,地形坡度2%～3%,地形标高在10～409 m之间,地貌形态为平原、垄畈起伏的波状平原和丘陵。地层跨华北地层大区晋冀鲁豫地层区、华南地层大区南秦岭—大别山地层区桐柏—大别山地层区和华南地层大区扬子地层区。地层出露由老至新主要有:上太古界(长片麻岩);元古界(片麻岩、片岩、白云岩、石英岩、千枚岩);古生界寒武系、奥陶系、志留系、泥盆系、石炭系、二叠系(页岩、灰岩、砂岩、白云岩);中生界三叠系、侏罗纪、白垩纪(灰岩、砂岩);下第三系古新统(细砂岩、泥岩);第四系更新世(粘土、粉质粘土);全新世(粉细砂、粉质粘土及炭层)。

## 2. 地质灾害基本情况

截至 2022 年底,合肥市共有地质灾害隐患点 47 处。按地质灾害类型划分:滑坡 15 处,崩塌 31 处,泥石流 1 处;按险情等级分,均为小型;隐患点多集中在巢湖市及庐江县境内,约占总数的 68.08%。威胁群众 112 户 358 人,威胁财产约 2299 万元。

## 3. 地质灾害防治情况

(1) 调查评价:以县级行政区为单元,开展全市 9 个县(市、区)1:5 万地质灾害风险调查评价工作,完成全市地质灾害高、中、低风险区划;初步摸清全市地质灾害隐患、农村切坡建房、矿山地质灾害及其他人类工程活动引发的地质灾害隐患情况。完成合肥市重点区域(庐江县龙桥镇)1:5 万地质灾害详细调查。在重要地质灾害隐患点中选取具有较大勘查意义的两处地质灾害点开展勘查工作,通过灾害点的勘查了解坡体的稳定程度及深部可能出现的位移情况,为评价坡体的稳定性提供有关参数。建立健全地质灾害动态巡查排查制度,各地自然资源部门每年均会同相关部门开展隐患点汛前排查、汛中巡查、汛后核查工作,汛期期间全市各级自然资源管理部门安排专人对辖区内的隐患点进行定期巡查,强降雨期间组织工作组对地质灾害易发区域进行巡查,汛后采取实地抽查和隐患点所在地乡镇政府自查两种形式,对辖区内地质灾害防治工作进行核查。通过"三查",及时掌握隐患点动态变化情况,夯实防灾基础数据,为各级政府部门决策提供依据。

(2)监测预警:充分发挥专业队伍监测作用,对威胁城镇、重大工程所在区域等重点区域,结合全市范围内28个地质灾害雨量站点建设,基本实现重点防治区地质灾害专业监测机构建设,完善专业监测队伍的技术支撑,基本构建群测群防与专业监测有机融合的监测网络。全市范围内网格化建设工作全面展开,各县(市)均已发布网格化建设方案,已建成覆盖全市的网格化监测预警网络。完善全市现有地质灾害监测预警系统,在已有的气象预警预报的基础上,完善地质灾害防灾平台、建立地质灾害监测系统、预警预报系统、视频会议系统等。2016~2022年,全市共发布地质灾害黄色及以上预警53次,及时避险转移受威胁群众1018户2850人,发出地质灾害气象风险提示短信48212人/次。

(3)搬迁工程:2016~2022年完成搬迁避让18户48人,消除受威胁财产234万元;完成工程治理与搬迁避让相结合3处,消除受威胁群众1户6人,消除受威胁财产40万元。

(4)治理工程:全面开展地质灾害治理工程,2016~2022年完成工程治理项目35个,解除受威胁群众31户141人,解除受威胁财产1217.2万元。

(5)防灾能力建设:一是"三查"期间,向群测群防员宣传培训,普及地质灾害防治知识,"十三五"以来,发放"两卡一表"共计1000余份。二是利用每年"4.22世界地球日""5.12防灾减灾日"等宣传日开展丰富多彩的宣传活动,发放地质灾害防治知识宣传材料3000余份。三是加强值班值守制度,合肥市自然资源和规划局每年实行非汛期日常值班及汛期地质灾害防治24小时值班制度,公布值班电话,坚持领导带班,明确工作职责和值班纪律,及时发布预警信息,确保信息畅通。

(6)信息化建设:合肥市自然资源和规划局成立了合肥市地质灾害防治指挥中心,加强地质灾害信息共享,重点包括对地质灾害防治指挥中心软、硬件设施进行升级改造,布控省、市、县视频会议专网,提高监测预警信息化水平,提升快速响应和调度指挥能力。

## 4. 地质灾害防治任务和防治方法

合肥隐患47处,隐患集中在巢湖;
庐江隐患也不少,规模等级均为小。
滑坡15崩塌31,泥石流灾害仅有1;
切坡建房占主导,切坡修路易引发。
易发分区多丘陵,面积统计一千七($km^2$)。
每年搬迁约两户,治理工程约两项;
清华南方建平台,排危除险要跟上。

# （七）滁州市地质灾害防治

## 1. 地质环境状况

滁州市域跨长江、淮河两大流域，主体为长江下游平原区及江淮丘陵地区。滁州市区与来安、全椒县以及天长部分地区属于长江流域，明光市、定远等县属于淮河流域。滁州市为北亚热带湿润季风气候，年平均降水量 1035.5 mm，滁州地区从 6 月中旬入梅，7 月中旬出梅。全市地貌大致可分为丘陵区、岗地区和平原区三大类型，地势西高东低，全市最高峰为南谯区境内的北将军岭，海拔 399.2 m。滁州市在大地构造单元上以郯庐断裂为界，西北部属中朝准地台淮河台坳的蚌埠台拱、淮南陷褶断带和江淮台隆的一部分，东南部属扬子准地台淮阳台隆的张八岭台拱和下扬子台坳的滁河陷褶断带、沿江拱断褶带的一部分。区域地层以郯庐深断裂为界，跨两个地层大区，西北部属华北地层大区晋冀鲁豫地层区徐淮地层分区的淮南地层小区，东南部属华南地层大区扬子地层区的下扬子地层分区。发育有上太古界五河杂岩和霍邱杂岩；下元古界凤阳群、中元古界张八岭群；上元古界青白口系八公山群以及震旦系泥岩、白云岩和灰岩；古生界寒武系白云岩、灰岩、泥岩和砂岩;奥陶系灰岩、白云岩和岩粉砂质页(泥)岩;中生界侏罗系凝灰岩、角砾凝灰岩、凝灰角砾岩、气孔安山岩、辉石安山岩夹灰黄、灰黑色砾岩、砂岩和页岩;白垩系中细粒岩屑砂岩、粉砂岩和泥岩、新生界第三系砾岩、砂砾岩夹中粗粒砂岩、泥岩、玄武岩夹玄武角砾熔岩、凝灰质泥岩;第四系砂、砂砾石、粉细砂、粘土和粉质粘土。

## 2. 地质灾害基本情况

截至2022年底,滁州市共有地质灾害隐患点36处。其中崩塌20处,滑坡13处,地面塌陷3处,共威胁82户259人,威胁财产2259万元。

## 3. 地质灾害防治情况

(1)调查评价:2010年前后,完成了市域范围内1:10万地质灾害区划调查,2015年前后,完成了定远县和全椒县1:5万地质灾害调查。2019年在全市范围内开展地质灾害隐患全面深入排查工作,全市排查出村民切坡建房点187处。按照省自然资源厅统一部署安排,2023年将全面完成辖区内2区4县2市地质灾害风险调查评价工作。

(2)监测预警:充分发挥专业队伍技术优势,强降雨期间或遭遇极端天气,在地质灾害中高易发区的县(区)和重点乡镇至少安排1名专业技术人员驻地提供技术服务,及时研判地质灾害隐患点变化趋势,及时发送预警信息,提前采取各项防范措施。根据省厅统一部署,2022年在狩猎场北西滑坡、姚村滑坡、张洼滑坡和毛桃洼后山滑坡安装了地质灾害普适性监测设备,为"人防＋技防"提供了保障。

(3)搬迁工程:"十三五"期间,实施搬迁避让6处44户100人,彻底摆脱了地质灾害威胁。2021年完成崩塌地质灾害点1户2人搬迁避让工程。2022年完成全椒县黄泥河滑坡、南谯区汪郢滑坡、来安县大平顶滑坡三处地质灾害点的搬迁避让工程,其中黄泥河滑坡搬迁避让工程已通过了省厅验收。

(4)治理工程:"十三五"期间,共投入地质灾害防治资金约1097.4万元,实施地质灾害综合治理工程项目14处,消除崩塌隐患9处,滑坡隐患4处,地面塌陷1处,保护了52人生命安全,避免了362万元财产损失;2021年完成了5处地质灾害点治理工程,并通过专家验收,在监测一个水文年后核销。2022年完成了4处灾害点治理验收,待观察一至两个水文年后核销。琅琊山风景区欧阳修纪念馆崩塌已完成工程治理,消除了地质灾害安全隐患,下一步将准备竣工验收工作。

(5)防灾能力建设:一是依托省地质环境监测总站、华东冶金地质勘查局811地质队等专业技术单位,全面提升地质灾害防治专业支撑能力,为基层地质灾害防治工作提供有力技术支撑。二是积极开展培训宣传演练工作。"十三五"期间,配合相关部门开展地质灾害应急演练工作15次,1020人参与,开展群测群防员宣传培训54场次,2922人参加。三是加强值班值守,滁州市自然资源和规划局实行局领导带班、局机关全员行政值班和滁州地环站、811地质队技术值班的行政、技术双值班制度。四是及时处置灾险情,"十三五"以来共计开展应急调查17次。

(6)信息化建设:不断优化地质灾害网格化管理体系,继续推进县(市、区)、乡镇(街道)、村(社区)、自然资源和规划所、专业地质队员、群测群防员"五位一体"协同管理,实现任务到岗、责任到人、落实到位,确保强降雨期间24小时有人值守、有人监测、有人巡查、有人预警。

## 4. 地质灾害防治任务和防治方法

滁州地灾隐患少,成因多因坡陡高;
36处分8县(市、区),切坡建房是主导。
中易发区有两处,初步统计三千多(km²);
低易发区亦两处,初步统计七百多(km²)。
每年搬迁十多户,治理工程约3项;
威胁多户装普适,排危除险抓紧上。
群测群防是重点,网格管理要建强;
"三查"督查要到位,技术资金强保障。

# （八）马鞍山市地质灾害防治

## 1. 地质环境状况

　　马鞍山市地处北亚热带，属亚热带季风性湿润气候，气候特点是四季分明，温暖湿润，季风显著，雨量充沛。区内降水季节性强，时空分布不均，梅雨集中，5～9月降雨约占全年降雨的60％以上。本区位于沿江丘陵平原区，地形起伏较大，中部和东南部沿江平原区地势低平，西部和东北部丘陵区地势较高，地面标高5.4～488.8 m。平原区面积1686 km²，占比41.71％；低山丘陵区面积1360 km²，占全市面积的33.65％，圩区及洲滩地996 km²，占24.64％。地层属于扬子地层区下扬子地层分区芜湖—安庆地层小区，区内除上太古界、下元古界、中元古界、上元古界青白口系地层缺失外，其余地层均有不同程度的发育。基岩除在丘陵区出露外，其余均被第四系所覆盖，出露的前第四纪地层有上元古界震旦系，下古生界寒武系、奥陶系、志留系，上古生界泥盆系、石炭系、二叠系，中生界三叠系、侏罗系、白垩系及新生界第三系。岩性主要有细砂岩、粉砂岩、页岩、安山岩、粗安岩、砂砾岩、集块岩以及粉质粘土、含砾粘土及砂砾石等。

## 2. 地质灾害基本情况

马鞍山市地质灾害类型主要为滑坡、崩塌、地面塌陷。空间分布上点多面广，主要分布在边坡稳定性差的山区，尤其是山区公路切坡沿线和建房切坡处，县、乡公路沿线等区域。每年5～9月为地质灾害多发期，具有明显的季节性。截至2022年底，马鞍山市共有地质灾害隐患点24处，其中崩塌16处，滑坡5处，地面塌陷3处，危险等级均为小型，共威胁40户136人，威胁财产1285万元。

## 3. 地质灾害防治情况

(1) 调查评价：马鞍山市深入推进地质灾害调查工作，组织开展区内地质灾害调查评价，严格执行汛前排查、汛中巡查、汛后核查制度，建立了全市地质灾害隐患点数据库，基本实现了地质灾害的动态监管。"十三五"期间，马鞍山市开展了2019年地质灾害隐患全面深入排查工作；先后组织开展了含山县、当涂县1:5万地质灾害详细调查工作，查明了辖区内的地质灾害发育情况，夯实了防灾基础数据；"十三五"期间共完成地质灾害危险性评估1500余例。

(2) 监测预警：2022年先后在当涂县百纻山崩塌、含山县吴山村崩塌、雨山区九华三片崩塌等3个隐患点安装自动监测设备。

(3) 搬迁工程："十三五"以来，马鞍山市对花山区马鞍山西坡滑坡、经开区乌山嘴滑坡等6处重要的地质灾害隐患点实施了搬迁避让,投入资金约2500万元。

(4)治理工程:"十三五"以来,马鞍山市对博望区振兴采石场崩塌、含山县东关社区崩塌、含山县马上庄滑坡等35处重要地质灾害隐患点实施了工程治理,投入资金约5400万元。

(5)防灾能力建设:通过网络、短信、电视等多种信息渠道,多次发布地质灾害气象风险预警通知、预警短信等。每年以"4.22世界地球日""5.12防灾减灾日"和"6.25全国土地日"为契机,会同市其他部门开展科普宣传,普及地质灾害防治和应急避险的基本常识,介绍防灾减灾的基本知识、有关政策法规、防灾避险与救护技能,累计参与群众1万余人,发放宣传材料1.5万余份。每年开展1次地质灾害应急演练,近200人参加。平均每年开展2次地质灾害监测人和监测责任人培训,参加培训近500人/次,提高了全社会应对地质灾害的能力。

(6)信息化建设:马鞍山市地质灾害防治工作,建立各项规章制度,使地质灾害防治工作进一步规范化、制度化。建立了地质灾害应急指挥平台,提供地质灾害信息实时查询服务,构建了为全社会服务的地质灾害信息网络。实行地质灾害防治网格化管理,将地质灾害隐患排查、应急演练、信息报送、应急值守纳入管理范畴,细化网格责任,严格网格责任人、协管员、管理员及专管员日常工作绩效考核,确保地质灾害防治各项措施落实到每一个地质灾害隐患点。"十三五"期间,建立了市级地质灾害气象风险预警信息平台,健全了地质灾害气象风险预警协调机制。

# 4. 地质灾害防治任务和防治方法

马鞍山市隐患少,24处规模小;

切坡工程引发多,采矿工程引发少。

易发分区在丘陵,初步统计一千二$(km^2)$。

避险搬迁综合好,治理工程年年上;

威胁多户上监测,排危除险要跟上。

群测群防是重点,汛期防灾要加强。

切坡工程要控制,督查巡查重采矿。

# （九）铜陵市地质灾害防治

## 1. 地质环境状况

铜陵市属于中亚热带湿润季风气候，多年平均降水量1375.9 mm，梅雨多从每年6月进，7月出。属沿江丘陵平原区，地形复杂多样，平原、丘陵、山地兼有。总体地势东南高、西北低，铜陵市最高山为三公山，标高674.9 m。丘陵区面积865.97 km²，占比28.79%；平原区面积2141.88 km²，占比71.21%。地质构造单元上属于扬子陆块下扬子凹陷中的沿江褶断带，属于凹陷中的次级隆起。地层由老到新分别为古生界志留系（泥岩、泥质粉砂岩及石英砂岩）、泥盆系（石英砂岩、粉砂质页岩、砾岩）、石炭系（生物屑泥晶灰岩、细晶灰岩、砂屑灰岩）、二叠系（硅质页岩夹泥晶白云岩、石英砂岩、硅质岩、硅质页岩、灰质白云岩、白云质灰岩）；中生界三叠系（砂岩、粉砂岩、灰岩夹瘤状灰岩、页岩）、侏罗系（凝灰质角砾岩、粗面玄武岩、粗安岩、凝灰岩、细砂岩、粉砂质页岩）、白垩系（粉砂岩、石英砂岩、砾岩、粗面岩、粗面质凝灰岩）；新生界古近系（泥岩、泥质粉砂岩、砾岩、砂岩）、新近系（砂岩、长石石英砂岩）和第四系（粘土、砂砾层、砂土层）。

## 2. 地质灾害基本情况

截至 2022 年底,铜陵市共有地质灾害隐患点 22 处,其中:崩塌 7 处,滑坡 8 处,泥石流 1 处,地面塌陷 6 处,共威胁 122 户 355 人,威胁财产约 1975 万元。

## 3. 地质灾害防治情况

(1) 调查评价:2016 年~2020 年完成了铜陵市、枞阳县全域的 1:5 万地质灾害详细调查;开展了铜陵幅岩溶地面塌陷 1:5 万综合地质调查;2019 年在全市范围内开展地质灾害隐患全面深入排查工作,共查出切坡建房欠稳定点 48 处,不稳定点 13 处;2020 年~2023 年完成了铜陵市三区一县地质灾害风险调查评价工作。

(2) 监测预警:2018 年义安区五峰山滑坡地质灾害隐患点安装了滑坡预警仪,五峰山滑坡自动化监测内容包括地面位移监测、深部位移监测、地下水浸润线监测和裂缝位移监测;2022 年在枞阳县枞阳镇留庄崩塌、白梅乡山前组滑坡等两处隐患点安装普适型监测预警设备。

(3) 搬迁工程:义安区新湖塘坝村民组岩溶塌陷最早发生在 1973 年矿床水文地质补勘阶段,2008 年 8 月至 2015 年累计发生塌陷 10 余处,造成区内民房多处开裂,河岸塌陷。后来,北部筲箕涝铁矿关闭,停止疏采地下水;南部新桥硫铁矿开展止水帷幕施工,盛冲河开展防渗等工程。塌陷区自2015年以来未再发生塌陷。自2011年开始,区内陆续搬迁避让,累计搬迁38户135人。

(4)治理工程:2016年至今共计完成治理工程24个。铜官区4处、义安区1处、郊区2处、枞阳县17处。均先后通过了相关自然资源主管部门验收,涉及地质灾害隐患点全部核销。

(5)防灾能力建设:2016年至今,在新桥矿岩溶塌陷、将军山滑坡、五峰山滑坡等地质灾害隐患点所在地开展4场专项应急疏散演练;累计举办地质灾害群测群防员培训班和地质灾害防治知识培训班6场,培训人次300余人。

(6)信息化建设:2020年铜陵市三区一县均开展地质灾害网格化管理,并与气象、应急部门积极沟通,与气象部门开展联合预警预报,做好数据、信息推送、互通。

# 4. 地质灾害防治任务和防治方法

铜陵地灾隐患少,崩塌滑坡规模小;
石灰岩层分布广,岩溶塌陷知多少。
切坡工程主引导,采矿排水在侵扰;
岩溶塌陷多重视,地灾评估不可少。
易发分区不算大,初步统计九百二$(km^2)$;
中高风险面积小,初步统计三百八$(km^2)$。

每年搬迁仅一户，治理工程仅一项；
威胁多户装普适，排危除险要跟上。
群测群防抓重点，调查勘查要加强；
采空塌陷明责任，生态修复多立项。

# （十）淮南市地质灾害防治

## 1. 地质环境状况

淮南市地处淮北平原与江淮波状平原过渡地带,属于暖温带半湿润季风气候区,多年平均降雨量928 mm,梅雨多从每年6月进、7月出;台风多于每年的7月至9月穿境淮南。淮南市丘陵最高242.6 m,丘陵区面积160.46 km²,占比2.9%;平原区面积5372.54 km²,占比97.1%。地质构造单元上属于中朝准地台南缘的淮河台坳与江淮台隆的复合部位。地层分区属华北地层大区晋冀鲁豫地层区,徐淮地层分区淮南地层小区。地层由老到新分别为上太古界霍邱群;元古界青白口系(主要为碎屑岩及碳酸盐岩)、震旦系(主要为碳酸盐岩夹碎屑岩);古生界寒武系(主要为碳酸盐岩夹碎屑岩)、奥陶系(以碳酸盐岩为主,主要为灰岩、白云质灰岩)、石炭系(主要为生物碎屑灰岩、粉砂岩和铝质泥岩互层夹煤线等)、二叠系(主要为砂岩、泥岩和煤等,属煤系地层);中生界三叠系(主要为砂岩、泥岩和页岩等)、白垩系(主要为泥岩、砂岩和砂砾岩等)及新生界新近系(主要为砂岩、砾岩和泥岩等)和第四系(主要为粘土、粉质粘土和细砂等)。

## 2. 地质灾害基本情况

截至2022年底,淮南市共有地质灾害隐患点16处。其中:崩塌9处,滑坡3处,岩溶塌陷4处。中型点1处,其他均为小型点。共威胁103户391人,威胁财产约2875万元。

## 3. 地质灾害防治情况

(1) 调查评价:淮南市于2016～2018年先后完成了古沟集幅、九龙岗幅、寿县幅3个图幅1:5万岩溶地面塌陷调查工作;2017年完成了安徽省凤台县(含淮南市)1:5万地质灾害调查工作;2018年完成土坝孜岩溶塌陷地质灾害勘查工作;2019年完成大瓜地岩溶塌陷地质灾害勘查工作。

(2) 监测预警:凤台县放牛山滑坡、凤台县山口村3#崩塌、寿县西套山滑坡1#、八公山区土坝孜岩溶塌陷及八公山地质公园二十四节气广场崩塌等5处地质灾害隐患点安装了普适性监测预警设备。普适性监测预警设备主要为地下水动态监测、裂缝仪、自动雨量计及预警广播等。

(3) 搬迁避让:2016年土坝孜统建楼发生岩溶塌陷时,当地政府立即启动应急预案,转移避让36户102人;在2020年土坝孜岩溶塌陷复发时,当地政府紧急避险搬迁8户18人。

（4）工程治理："十三五"以来共计完成治理工程7处,其中凤台县3处,八公山区2处、大通区2处。2018年凤台县孙家大山崩塌完成治理;2020年凤台县山口村1#崩塌、八公山区的南塘路2#、南塘路3#崩塌完成治理;2021年大通区上窑村崩塌、垃圾处理站崩塌完成治理;以上6处地质灾害隐患点治理竣工后通过了自然资源主管部门验收,同时完成了地质灾害隐患点核销工作。2022年凤台县山口村2#崩塌治理工程已完成,2023年拟核销该处地质灾害隐患点。

（5）防灾能力建设:建立各级地质灾害防治体系和应急机制,完善了市、县（区）、乡镇（街道）、村（组）、村民五级群测群防工作机制。2021年成立了淮南市地质灾害防治指挥部,2022年组建了淮南市地质灾害防治专家组,同时依托地质灾害防治技术单位完善了技术支撑机构,提升了地质灾害防治专业技术水平和公共服务能力。"十三五"以来利用"4.22世界地球日""5.12防灾减灾日""行风热线"等宣传日发放相关宣传材料28次;开展地质灾害防治培训7次;实施地质灾害防治演练7次。

（6）信息化建设:根据年度地质灾害汛前排查、汛中巡查、汛后核查等工作及时更新地质灾害隐患点数据库;通过安徽省地质环境业务平台系统及时校核更新地质灾害隐患点基础信息。2015年与淮南市气象局签订联合开展地质灾害风险预警信息发布合作协议,在双方建立共享机制的前提下,通过预警信息平台发布地质灾害预警信息。

# 4. 地质灾害防治任务和防治方法

淮南防灾偏中等,岩溶塌陷危害重;
崩塌多在切坡下,地灾引发是工程。
小崩小滑多巡查,岩溶塌陷要勘查;
切坡采石要限制,抽水排水防过量。

# （十一）芜湖市地质灾害防治

## 1. 地质环境状况

芜湖市地处沿江丘陵平原，属于北亚热带湿润季风气候区，气候温暖湿润，四季分明，雨量充沛，梅雨显著，日照充足，无霜期长。多年平均降雨量1198.1 mm，其中6月15日～7月15日为梅雨期。根据地貌形态，结合海拔高度，芜湖市地貌类型可划分为低山、丘陵、平原三种地貌类型，以平原为主，占总面积的49.8%，丘陵占26.7%，低山占23.5%，标高6～558 m。地质构造单元上位于扬子准地台、下扬子台拗、沿江拱断裙带大地构造单元。地层由老到新分别为上太古界二叠系灰岩、页岩硅质岩；中生界三叠系灰岩、页岩、角砾岩及砂岩，侏罗系砂岩、石英砂岩、安山岩、角砾岩、流纹岩、凝灰岩及泥岩，白垩系砾岩、砂砾岩及粉砂岩；新生界第三系泥岩、粉砂质泥岩、粉砂岩、石英砂岩及砾岩；第四纪上更新统粘土、亚粘土及第四纪全新统亚粘土、粘土及粉细砂。

## 2. 地质灾害基本情况

截至2022年底,芜湖市现有地质灾害隐患点8处:崩塌3处,滑坡2处,泥石流1处,地面塌陷2处,其中南陵县5处、繁昌区3处,共威胁10户32人,威胁财产约175万元,全部为小型点。

## 3. 地质灾害防治情况

(1)调查评价:每年开展地质灾害汛前排查、汛中巡查、汛后核查等工作。根据省自然资源厅工作部署,2019年开展了切坡建房隐患大排查,基本查明切坡建房风险点分布情况,为地质灾害防治管理提供决策依据。完成了1:5万芜湖市城市地质调查,进行了突发性地质灾害和特殊土等城市地质环境评价与适宜性分区,提出了环境地质问题防治对策建议。2020~2023年,芜湖市开展了7个县(市、区)1:5万地质灾害风险调查工作。

(2)监测预警:地质灾害防治网格化管理实现全覆盖,并逐步由群测群防向专群结合转变。建立了地质灾害信息采集与动态监测系统、信息系统及预警指挥系统。各县(市、区)组织专业技术人员进行调查评价、监测预警等工作,及时掌握地质灾害隐患点动态变化趋势。每年汛期开展地质灾害风险预警预报,采用短信、广播等方式,通过省、市、区三级平台进行地质灾害风险预警,有效保障了人民群众的生命和财产安全。

(3) 搬迁工程:"十三五"期间,芜湖市投入资金11993万元,采取工程治理、搬迁避让等措施,消除地质灾害隐患点89处。其中搬迁避让隐患点37处。

(4) 治理工程:"十三五"期间,采用工程治理消除隐患点共35处,通过排危除险、确定责任主体等其他措施消除隐患点17处。保护受威胁群众268户966人,保护受威胁财产3088万元。

(5) 防灾能力建设:"十三五"期间,各市、县(区)地质环境管理职能基本到位,地质灾害防治法规得到进一步落实,相应的规章制度进一步完善。建立了市、县(区)两级地质灾害防治行政管理体系,市、县(区)均成立了由分管市长、县(区)长为组长,相关部门参加的地质灾害防治工作领导小组,建立了灾情速报、汛期三查、汛期值班、向受地质灾害威胁居民发放"两卡一表"等具体制度。落实了地质灾害属地责任,明确地质灾害防治任务和分工,提升了地质灾害防治管理水平,地质灾害防治已初步走向法治化、规范化道路。"十三五"期间,共组织地质灾害防治知识培训5次,共450余人参加;应急演练3次,共340余人参加;利用"4.22世界地球日""5.12防灾减灾日"等宣传日举行宣传活动并发放相关宣传材料6000余册,基层地质灾害防治组织管理、技术支持和临灾避险能力进一步提升。专业技术人员驻地并提供技术服务,协助开展趋势预测、巡查排查、监测预警等防灾工作,协助应对突发地质灾害。

(6) 信息化建设:智慧防灾稳步推进,信息化服务功能日趋完善。

建立并完善了地质灾害隐患点数据库,初步实现地质灾害信息管理、监测预警和指挥调度信息化。开发完善了芜湖市地质灾害监测预警移动端APP,满足了管理人员、技术人员及地质灾害隐患点监测人员日常监管需要。

## 4. 地质灾害防治任务和防治方法

芜湖防治任务轻,8处隐患已查明;
防灾思路很先进,发现隐患就清零。
早期识别找隐患,调查排查找风险;
群测群防做到位,切坡建房是重点。

# （十二）蚌埠市地质灾害防治

## 1. 地质环境状况

蚌埠市属亚热带湿润到暖温带半湿润季风气候的过渡地带，降水、气温年际、年内变化较大。多年平均降水量903.2 mm，强降水的分布时段多集中在每年的6～8月份，占年降水量的60%左右。区内地形总体趋势是南高北低。以淮河为界，淮河以北属淮北平原，地形平坦开阔，由西北倾向东南，地面标高15～20 m。蚌埠市丘陵海拔50～300 m，最高点涂山海拔338.7 m。丘陵区面积629.80 km²，占比10.58%；平原区面积4903.20 km²，占比82.40%；水域面积417.89 km²，占比7.02%。蚌埠在大地构造的分区上，位于华北陆块南缘徐淮地块，地跨淮北断褶、蚌埠隆起和淮南褶断带三个构造单元。主要属华北地层区，地层由老到新分别为上太古界六河群；下元古界凤阳群；上古生界青白口系、震旦系；古生界寒武系、奥陶系、石炭系、二叠系；中生界三叠系、侏罗系、白垩系及新生界第三系、第四系。地层岩性以变质岩、碳酸盐岩为主。新生界松散沉积物广布全区，第三系隐伏于第四系之下，分布于淮河两岸，下第三系以碎屑岩为主；上第三系岩性以粘土及厚层中、粗砂层为主。第四系岩性为亚粘土及粉细砂、中砂、亚砂土以及亚粘土、亚砂土互层。

## 2. 地质灾害基本情况

截至2022年底,蚌埠市共有地质灾害隐患点6处,均为小型崩塌地质灾害隐患点,其中怀远县3处,均位于市辖区,各占总数的50%,威胁8户32人,威胁财产约662万元。

## 3. 地质灾害防治情况

(1) 调查评价:开展汛前排查、汛中巡查、汛后核查工作,认真制定年度地质灾害防治方案,完善制度建设;2021年蚌埠市对辖区内三县四区开展地质灾害风险调查项目,共动用专项资金435万元,其中部级资金185万元,省级资金250万元。

(2) 监测预警:2020年与市气象局签订合作协议框架,在气象预警预报的基础上,进一步整合气象、水利等部门雨量监测资源,建立地质灾害气象预警预报机制。"十三五"期间,通过市级平台共发布地质灾害黄色以上预警30余次,预警信息通过短信、网站、传真、电视节目等多种途径对外发布,有效保障了人民群众的生命和财产安全。地质灾害防治实现了全覆盖的网格化管理,并逐步由群测群防向专业技术人员的群专结合转变,各县(区)地质灾害易发区均指派专业技术人员进行调查评价、监测预警等工作，以便及时掌握地质灾害隐患点的动态变化趋势。

（3）搬迁工程："十三五"时期未实施地质灾害搬迁工程。

（4）治理工程："十三五"期间共完成地质灾害隐患点治理2处，分别为怀远县进山路西巷崩塌和怀远县城关镇健康路北首2—1崩塌。进山路西巷崩塌治理项目于2015年施工，2016年通过专家验收并报省厅对该点予以核销。怀远县城关镇健康路北首2—1崩塌治理实施时间为2019年3月20日至2019年10月22日，于2021年通过专家验收并报省厅对该点予以核销。

（5）防灾能力建设：科学制定避险转移预案，发放"两卡一表"。严格按照地质灾害网格化管理要求，每处地质灾害隐患点都编制防灾避险转移预案，建有防灾预案表、防灾工作明白卡和避险明白卡，明确了预定避灾地点、报警信号，组建了抢排险、治安保卫和医疗救护小组，并确定了监测责任单位、相关责任人和联系方式。建有执行值班值守、领导带班制度并建立速报制度，及时汇总上报灾情险情信息。2018年建立了蚌埠市地质灾害防治群，成员涵盖市、县（区）自然资源分管领导、自然资源所和所有地质灾害防治相关人员，群内实行汛期每日地质灾害险情、灾情零报告制；制定考核办法，优化地质灾害防治网格化管理体系；做好技术支撑，落实易发区和重点乡镇技术人员驻地服务。

（6）信息化建设：建立了全市地质灾害隐患点动态数据库及地质灾害大数据管理平台；建有以县级为单位，乡（镇、街道）、村、自然资源和规划局乡镇管理所、专业技术单位"四位一体、网格管理、区域联防、绩效考核"的地质灾害防治网格化管理体系;依托省级地质灾害信息管理平台,建立市、县地质灾害信息管理系统,建设地质灾害隐患点全息数据库,实现市、县地质灾害信息管理的互联互通,实行地质灾害防治全流程信息化管理,实现地质灾害调查评价、监测预警、工程治理、搬迁避让和灾险情信息等"一张图"管理,为管理人员提供决策支撑服务,为技术人员提供技术指导服务,为群测群防人员和受威胁群众推送预报预警信息,为社会公众提供信息查询和地质灾害危险路段提醒服务。

## 4. 地质灾害防治任务和防治方法

蚌埠防灾任务轻,6处隐患傍丘陵;
灾害类型仅一种,切坡采石是起因。
"三查"督查做到位,排危除险请思量;
工程治理快安排,避让搬迁或挂网。

# (十三) 宿州市地质灾害防治

## 1. 地质环境状况

宿州市地处淮北平原,属于暖温带半湿润季风气候区,多年平均降雨量865 mm,梅雨多从每年6月进,7月出。宿州市低山区内最高峰馒顶山海拔标高387.7 m,低山区面积204.74 km²,占比2.06%;丘陵区面积402.53 km²,占比4.05%;平原区面积9331.73 km²,占比93.89%。地质构造单元上属中朝准地台淮河台坳,区内地层属华北地层大区晋冀鲁豫地层区徐淮地层分区淮北地层小区。区内地层由老至新发育有上元古界青白口系、震旦系(灰岩、白云岩、砂岩);下古生界寒武系(灰岩、白云岩、页岩)、奥陶系;上古生界石炭系(砂岩、泥岩、页岩、灰岩等)、二叠系(砂岩、砂质页岩、泥岩、粉砂岩);中生界三叠系(长石石英砂岩、泥岩、粉砂岩、钙质泥岩)、侏罗系(砂质页岩、粉砂岩、粗凝灰岩等)、白垩系(砂质泥岩、粉砂岩、细砂岩、含砾砂岩、砂质泥岩、粉砂质泥岩);新生界第古近系(泥岩、砾岩、砂砾岩、砂岩、砂质页岩夹少量泥岩)新近系(泥岩、泥灰岩、半胶结砂、砂砾石含石膏)、第四系(下更新统岩性为粘土、亚粘土夹中细砂层,中更新统主要岩性为亚粘土、粘土、含钙质结核和铁锰质结核,夹粉砂、细砂层。上更新统岩性为亚粘土,夹粉砂、细砂层。全新统岩性为亚粘土和黄色、灰黄色亚砂土、粉砂)。

## 2. 地质灾害基本情况

截至 2022 年底,宿州市共有地质灾害隐患点 3 处,位于萧县皇藏峪风景区,均为崩塌点,规模为小型,威胁对象主要为游客和景区管理人员,共威胁 24 人,威胁财产约 1200 万元。

## 3. 地质灾害防治情况

(1)调查评价:每年开展汛前排查、汛中巡查、汛后核查工作,认真制定年度地质灾害防治方案,完善制度建设;2008 年开展砀山县、萧县、泗县、灵璧县、埇桥区地质灾害调查与区划工作;2017 年开展宿州市地面沉降调查监测,完成宿州市地面沉降控制区范围划定工作;2019 年在全市范围内开展地质灾害隐患全面深入排查工作,共查出切坡建房危险点 13 户。

(2)监测预警:① 现有地质灾害隐患点监测预警工作:皇藏风景区管委会完成皇藏洞、三仙洞、美人洞三处崩塌隐患点栈道改造工程,安装监测预警设备并建立管理平台。已完成地质灾害隐患点附近 4 条栈道改道工作;安装拉绳式裂缝计 20 个、崩塌计 20 个等辅助部件用于监测预警，对地质灾害隐患点位移及应变实现实时监测。②地面沉降监测工作：已完成地面沉降划定、地面沉降防治规划的编制工作，初步建立了地面沉降监测网络，现有地面沉降地下水监测孔6眼，光纤孔2眼，基岩标1个，二等以上水准点17个。其中，地下水监测孔已全部安装自计水位仪，进行实时水位监测。光纤孔2眼分布在埇桥区、砀山县，2019～2022年连续四年开展埇桥区、砀山县分布式光纤地面沉降监测孔监测数据采集、综合分析并提交数据分析报告。

（3）搬迁工程：无搬迁工程。

（4）治理工程："十三五"以来共计完成治理工程2个，分别为灵璧县朝阳镇母猪山崩塌地质灾害隐患点和萧县永堌镇马庄村石水牛山崩塌地质灾害隐患点，均于2018年治理完工，通过市县自然资源主管部门验收，并完成了地质灾害隐患点核销工作。

（5）防灾能力建设：宿州市加强地质灾害防治知识的宣传及培训，增强防灾意识。以"4.22世界地球日""5.12防灾减灾日""6.25全国土地日"等为契机，利用发放宣传手册、设立宣传咨询台、校园讲座等形式，开展地质灾害防治宣传，提高了群众防灾意识和识别地质灾害的能力。2018年以来，开展集中宣传15场，发放宣传材料3000余份，地质灾害知识培训3次，开展地质灾害突发应急演练（桌面推演）2次。依托地质灾害防治专业技术单位成立宿州市地质灾害防治中心和宿州市地质灾害应急技术指导中心，提升了地质灾害防治专业技术水平和公共服务能力。

（6）信息化建设：宿州市地质灾害隐患点基础数据信息全部建档

入库,并根据每年度地质灾害调查结果及时更新。宿州市自然资源和规划局和宿州市气象局签订合作协议,针对暴雨等恶劣天气期间发布预警信息。

## 4. 地质灾害防治任务和防治方法

宿州防灾任务轻,小崩小塌数零星;
地面沉降哪里有,水位监测看漏斗。
采空塌陷危害重,矿山修复来管控;
露采矿山有崩塌,督查检查定责任。

# (十四) 亳州市地质灾害防治

## 1. 地质环境状况

亳州市地处淮北平原,属于暖温带半湿润季风气候区,多年平均降雨量829.1 mm,无梅雨期;台风较少。亳州市地势总体平坦,西北高,向东南微倾斜,地面标高一般21.8~42.5 m,东北部局部残丘处最高海拔达105.31 m(涡阳龙山),地层由老到新主要有震旦系的石英砂岩夹砂质灰岩,寒武系、奥陶系的碳酸盐岩及石炭系、二叠系砂岩、页岩、煤层等;新生代地层主要为下第三系砂岩、粉砂岩、泥岩及上第三系和第四系松散砂层和粘性土层。

## 2. 地质灾害基本情况

截至2022年底,亳州市共有地质灾害隐患点2处。其中:崩塌1处、地面沉降1处,威胁财产约496万元。

## 3. 地质灾害防治情况

（1）调查评价：亳州市于 2007 年编制了"亳州市 1:5 万地质灾害调查与区划（市级）"；2017 年完成了"亳州市地面沉降控制区范围划定"工作；2019 年在全市范围内开展地质灾害隐患全面深入排查工作，未发现切坡建房危险点。

（2）监测预警：2020 年开展了为期三年的"亳州市地面沉降调查监测（2020～2022 年）"项目；2022 年完成了"亳州市地面沉降 InSAR 遥感"项目。

（3）搬迁工程：无搬迁工程。

（4）治理工程："十三五"以来共计完成地质灾害治理工程 2 个，其中蒙城县 1 个，涡阳县 1 个。蒙城县的马虎山崩塌于 2017 年治理完工，涡阳县的石弓山耿楼取土坑崩塌 2019 年治理完工。治理完工后通过了相关自然资源主管部门验收，并完成了地质灾害隐患点核销工作。

（5）防灾能力建设：为做好亳州市地质灾害防治工作，成立了市级地质灾害防治专家队伍，制定地质灾害防治方案、汛期地质灾害防治值班通知等文件。根据时间节点，及时开展汛前排查、汛中巡查、汛后核查，严格落实雨前排查、雨中巡查、雨后核查等工作。集中组织宣传培训 7 场，培训人数 200 余人，发放地质灾害"防灾明白卡""避险明白卡""预案表"30 份；每年均组织开展地质灾害应急预案演练；进校园举办科普知识讲座2场次，参与讲座人员200余人。借助"4.22世界地球日""5.12防灾减灾日"等特殊时间节点，开展地质灾害防治科普宣传，旨在提高群众的防灾减灾意识，提升识灾、辨灾、自救、互救能力。据统计，2022年发放宣传材料1300余份，接受现场咨询230余人次，发送公益短信9.7万余条。

（6）信息化建设：依托省地质环境信息平台进行地质灾害隐患点管理；暂未建设预警系统；正在开展地质灾害风险调查评价数据库建设。

## 4. 地质灾害防治任务和防治方法

亳州防灾任务重，地面不断向下沉；
松散层厚上千米，含水层有四五层。
深层开采强度大，城区水位下降深；
城区下沉约半米，边缘下沉数公分。
易发分区范围大，沉降只在漏斗中；
监测网络须完善，基岩分层标已中。
禁采限采要细化，引江济亳已防控；
资源配置尽完善，浅层水库建议用。

# (十五) 阜阳市地质灾害防治

## 1. 地质环境状况

阜阳市位于黄淮海平原南端,淮北平原西部,安徽省西北部。位于暖温带南缘,属暖温带半湿润季风气候,多年平均降水量900 mm左右,年最大降水量1618.7 mm(1956年),年最小降水量440.8 mm(1953年)。地形平坦开阔,境内地貌地形西北高、东南低,地面高程20~39 m,阜阳市境内按成因形态划分为冲积平原和冲积—剥蚀平原两大类;按形态划分为河漫滩、泛滥洼地、泛滥微高地、冲积湖积地、河间洼地及河间平地。大地构造单元属中朝准地台华北坳陷南端,新构造分区属豫皖断块区,处于周口凹陷和淮河台坳区内。区内前第四系地层属华北地层区徐淮地层分区淮北地层小区,第四系隶属华北地层区淮河地层分区宿县—阜阳地层小区。地层岩性由老到新分别为上太古界霍邱群斜长片麻岩,角闪黑云变粒岩,斜长角闪片麻岩,夹混合岩、五河群片麻岩、大理岩、变流纹岩;古生界寒武系灰岩、砂岩、泥岩、钙质泥岩、白云质灰岩等、奥陶系灰岩、钙质页岩、砂岩、二叠系泥岩、粉砂岩、砂砾岩;中生界三叠系石英砂岩、泥岩夹含砾砂岩、白垩系砾岩、粉砂质泥岩、砂砾岩;新生界第三系砾岩、砂岩、泥岩等、第四系细砂、粉砂、粉土、粉质粘土等。

## 2. 地质灾害基本情况

阜阳市分布有地质灾害1处,为地面沉降,属于缓变性地质灾害,威胁财产约23000万元。

## 3. 地质灾害防治情况

(1)调查评价:2013年阜阳市实施了"阜阳市城市地质调查",投入760万元;2015年阜阳市实施了"阜阳市地面沉降调查与监测",投入393万元;2017年阜阳实施了"阜阳市地面沉降区域划定",投入805万元;2019年阜阳市开展了全市范围内大的切坡建房隐患大调查未发现地质灾害问题,2019年阜阳市编制《阜阳市地质灾害防治规划(2019～2025年)》。

(2)监测预警:2020年开展了阜阳市地面沉降骨干监测网(一期基岩标)建设,省自然资源厅投入500多万元;2021年开展了地面沉降基地监测设施和信息化一体建设,阜阳市投资2800万元;2022年开展了阜阳市地面沉降骨干监测网(二期基岩标)建设,省自然资源厅投入2000多万元。

(3)搬迁工程:无搬迁工程。

（4）治理工程：无治理工程。

（5）防灾能力建设：建立各级地质灾害防治体系和应急机制，完善了市、县（区）、乡镇（街道）、村（组）、村民五级群测群防工作机制。编制了2020年阜阳市地面沉降方案，定期开展地面沉降联席会议，成立地质灾害防治工作领导小组，并于2021年依托地质灾害防治专业技术单位完善了地质灾害应急机构，提升了地质灾害防治专业技术水平和公共服务能力。

（6）信息化建设：根据年度地质灾害汛前调查、汛后核查等工作及时更新地质灾害隐患点数据库；阜阳市自然资源和规划局正在建设信息平台。

## 4. 地质灾害防治任务和防治方法

阜阳防灾任务重，起因都是松散层；
厚度可达上千米，含水层有三四层。
供水开采强度大，城区水位下降深；
二十米后始沉降，六十米后危害重。
地面沉降要监测，抓紧时间建网络；
基岩分层标要建，关键是从哪起测。
易发范围是全区，沉降只在漏斗区；
最大下沉近两米，边缘多在零点几。
引江济阜很重要，禁采限采要做好；

深层水位要恢复，浅层水库必高效。

注：浅层水库即浅层地下水库，就是开采浅层地下水，将其注入沟、塘、河、湖，向城市供水。既可解决城市缺水问题，又可改善浅层地下水环境，还可解决地面沉降问题。枯水期供水、汛期回补，循环往复，永无止境，还可与现代化农业相结合，必将在皖北地区发挥出巨大的经济效益、社会效益和环境效益。

# (十六) 淮北市地质灾害防治

## 1. 地质环境状况

　　淮北市处于季风温暖带半湿润气候区,属北方大陆性气候区与湿润性气候区的过渡地带。多年平均降雨量为982.34 mm,多年最大降雨量为1441.4 mm,最小为502.4 mm,梅雨多从每年6月进8月出。淮北市地形东北高西南低,相山、老龙脊、烈山、青龙山等地为丘陵,呈北北东向分布,面积约120 km²,老龙脊最高海拔362.9 m,相山高程为342.8 m,青龙山高程为129.1 m;大部分为淮北冲积平原,地形平坦,高程为22.5～37.0 m。淮北市范围内所处大地构造单元,属中朝准地台淮河台坳淮北陷褶断带宿州凹断褶束。境内地层隶属华北地层区淮河地层分区中的淮北小区范畴,为标准的北相地层。按地层时代,由老至新为上古元界震旦系(灰岩、白云岩),古生界:寒武系、奥陶系、石炭系、二叠系(碎屑岩、碳酸岩、页岩、灰岩、粘土岩、页岩、薄煤层3—11层、砂岩、粉砂岩、泥岩),新生界下第三系、第四系(砾岩、砂岩、砂质页岩、泥岩、粘土、粉土、粉质粘土、砂土)。

## 2. 地质灾害基本情况

目前淮北市无地质灾害隐患点。

## 3. 地质灾害防治情况

(1)调查评价:淮北市于2018年～2022年在全市范围内开展地质灾害隐患全面深入排查工作,根据地质环境条件及地质灾害发生规律和特点分析,汛前调查主要对原有隐患点及全市防范的重点区域进行调查。调查过程中采取调查为主、走访询问为辅的方法,利用无人机航拍、卫星影像投影等多种新技术手段,以充分掌握调查点的基础信息,结合淮北市三区一县1:5万地质灾害风险调查初步成果,以及各县区局开展的野外调查,形成了调查成果,市局会同省地环总站淮北站对调查结果进行了研判。根据调查结果,2018年～2022年汛前全市未发生崩塌滑坡等突发性地质灾害,无重大地质灾害隐患点。

(2)监测预警:2022年淮北自然资源和规划局为做好地质灾害防治工作,与市气象局签订地质灾害气象预警协议,并安排市局和分站有关人员参与24小时地质灾害应急值班。进入汛期后,市局与气象局密切配合,建立地质灾害气象预警预报及监测信息网络,采取电话、电视、传真、手机等方式,及时传达气象预警预报信息,做好重要地质灾害隐患点险情地质灾害的监测和预警预报工作,保证信息畅通。

2022年淮北市未发生地质灾害,未发布地质灾害气象预警。

(3) 搬迁工程:无搬迁工程。

(4) 治理工程:无治理工程。

(5) 防灾能力建设:借助"4.22世界地球日""5.12防灾减灾日""6.16安全咨询日"等特殊时间节点,在市区举行了地质灾害防治宣传咨询活动。通过设置地质灾害防治展板、发放应急避险手册以及和群众交流互动等方式向社会公众和从业人员宣传淮北市地质灾害基本概况、地质灾害防治及应急避险知识。依托省地环总站淮北站及省地矿局325队技术力量,为淮北市地质灾害防治提供技术支撑。在重点防范期内,对本行政区域内的地质灾害易发区的城镇、学校、居民点、交通干线、旅游景区、重要工程等进行巡查,因地制宜,采取避让或应急治理等有效措施。对地质灾害隐患区域设立警示标志,一旦发生险情,及时划定危险区,设置警戒线并予以公告。将"两卡一表"及时发放到防灾责任单位和受灾害威胁的群众手中,并进行防灾知识宣传,增强防灾意识,提高自救能力。市自然资源和规划局将根据需要派出督查组,对重点防范地区进行督查检查。

(6) 信息化建设:根据年度地质灾害汛前调查、汛后核查等工作及时上报地质灾害隐患点基础信息,及时更新安徽省地质灾害监测预警平台数据库。

# 4. 地质灾害防治任务和防治方法

淮北防灾任务轻，地灾隐患暂为零。
岩溶塌陷要细查，地面沉降要辨认。
地面塌陷危害重，起因多是煤采空；
地灾防治不多管，矿山生态修复中。